1.1 Lichtquellen und Lichtausbreitung

1 Auf den Fotos kannst du verschiedene Körper sehen. Welche der abgebildeten Körper sind Lichtquellen, welche beleuchtete Körper?

© Dr. Sonnenfeld, Gerd, Fredersdorf

© Dr. Sonnenfeld, Gerd, Fredersdorf

Lichtquellen:

____

____

beleuchtete Körper:

____

____

Lichtquellen:

____

____

beleuchtete Körper:

____

____

2 Ordne die folgenden Begriffe in die Tabelle ein: Ball, Blitz, eingeschalteter Autoscheinwerfer, Reflektor am Fahrrad, Bildschirm eines Computers, Mond, Stern, brennende Kerze, Spiegel, Buch.

Lichtquellen	beleuchtete Körper

3 Ergänze den nachfolgenden Text.

Ein Mädchen sieht im Kino einen Film. Die Lampe im Filmprojektor ist ein ____________ Körper, eine ____________. Von ihr geht ________ aus, durchleuchtet den Film und trifft auf die Leinwand. Die Leinwand ist ein ____________ Körper. Das Mädchen sieht das Bild auf der Leinwand mit den Augen, weil das Licht von der Leinwand ____________ wird.

4 Verdeutliche mithilfe von Lichtstrahlen, wie sich Licht von den dargestellten Lichtquellen aus ausbreitet.

punktfömige Glühlampe | Sonne | Kerzenflamme

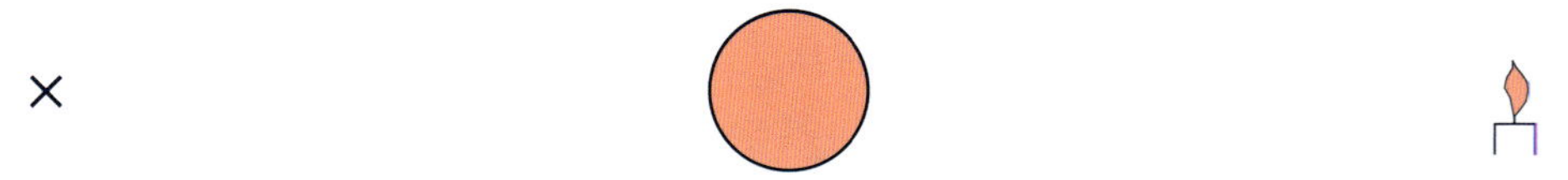

5 Über Glühlampen befinden sich lichtundurchlässige Schirme unterschiedlicher Form. Zeichne ein, wie sich das Licht ausbreitet. Das Licht geht von der Glühwendel der Glühlampe aus.

a)

b)

6 Skizziere, wie sich das Licht von der punktförmigen Lichtquelle L ausbreitet. Zeichne den Strahlenverlauf ein und markiere die Lichtbündel farbig.

a)

b)

7 Zeichne in die Skizzen die Schattengebiete ein. Markiere sie.

a)

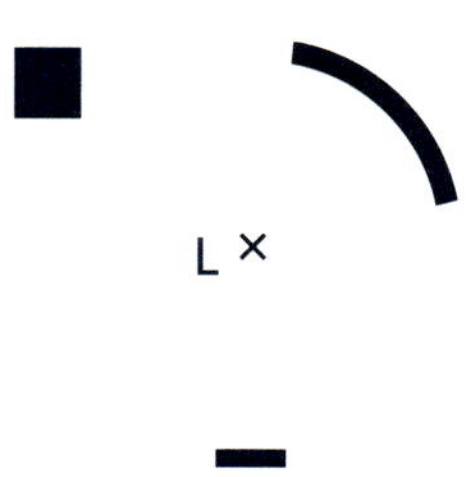

b)

8 Ein Körper wird nacheinander zuerst von einer, dann von zwei punktförmigen Lichtquellen beleuchtet. Zeichne die Schattengebiete ein. Markiere sie.

9 Markiere in der Skizze den Kernschatten und den Halbschatten der Erde. Wo muss sich der Mond bei bei einer totalen Mondfinsternis befinden?

____

10 Das unterschiedliche Aussehen des Monds – die Mondphasen – entstehen durch die verschiedenen Stellungen von Sonne, Erde und Mond zueinander. Die Bilder A bis H zeigen verschiedene Mondphasen.

a) Ordne die Mondphasen A bis H den Stellungen 1 bis 8 zu. Zeichne die betreffende Mondphase jeweils ein.

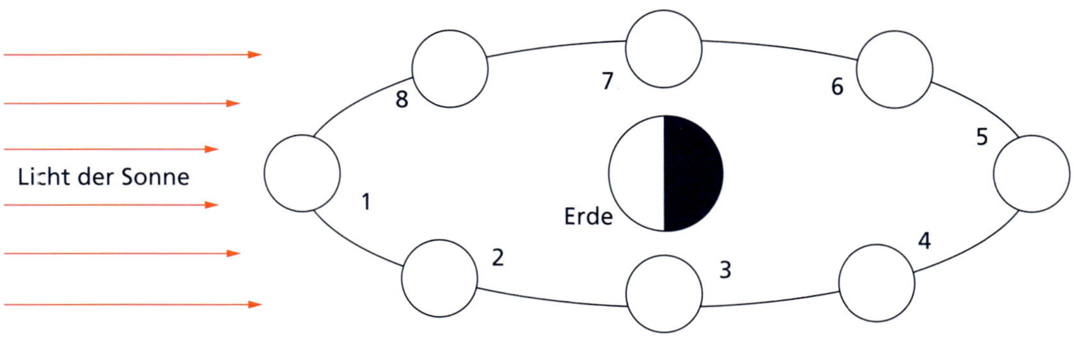

b) An welchen Stellen ist Halbmond, an welchen Vollmond bzw. Neumond?

Halbmond: __________ Vollmond: __________ Neumond: __________

1.2 Reflexion und Brechung von Licht

1 Bezeichne die mit A, B, C, … gekennzeichneten Teile der Skizze.

A ______________________

B ______________________

C ______________________

D ______________________

E ______________________

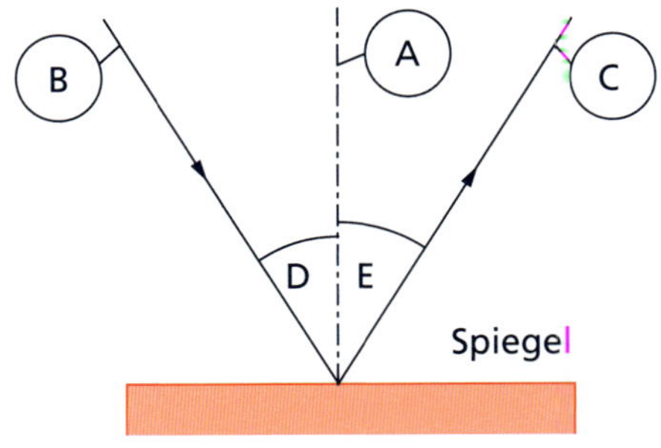

2 Untersuche die Reflexion von Licht an einem Spiegel. Lege dazu ein Blatt Papier auf den Tisch. Zeichne die Spiegelebene und das Einfallslot senkrecht zur Spiegelebene. Stelle einen kleinen Spiegel auf die gezeichnete Spiegelebene. Nutze als Lichtquelle eine Experimentierleuchte mit Spalt oder eine Taschenlampe, bei der das parallele Licht nur durch einen Spalt austreten kann (den anderen Teil mit schwarzem Papier bekleben).

Durchführung:
Miss für verschiedene Einfallswinkel die Reflexionswinkel. Markiere dazu den jeweiligen Lichtweg mit ein paar Punkten oder mit Stecknadeln.
Trage die Messwerte in die Tabelle ein.

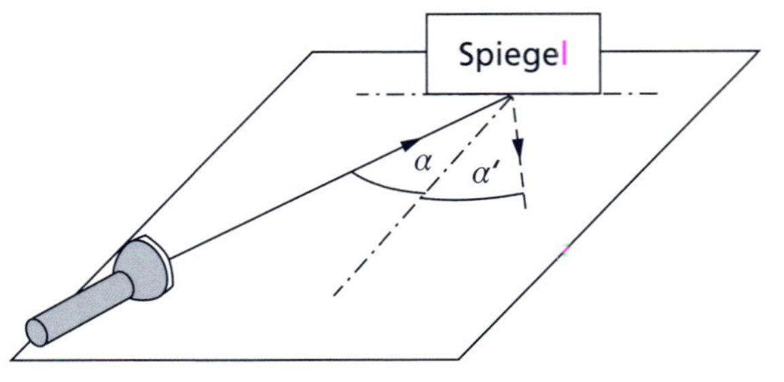

Auswertung:
Vergleiche Einfallswinkel α und Reflexionswinkel α'. Formuliere das Ergebnis in Worten.

____

____

____

____

____

Einfallswinkel α	Reflexionswinkel α'

3 Paralleles Licht fällt auf verschiedene Oberflächen. Zeichne in die Skizzen die reflektierten Lichtstrahlen ein.

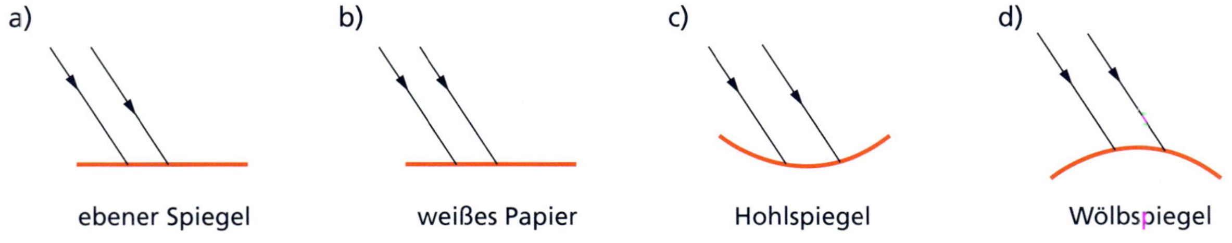

4 Licht fällt auf ebene Spiegel. Ergänze den Strahlenverlauf.

a) b) c) d)

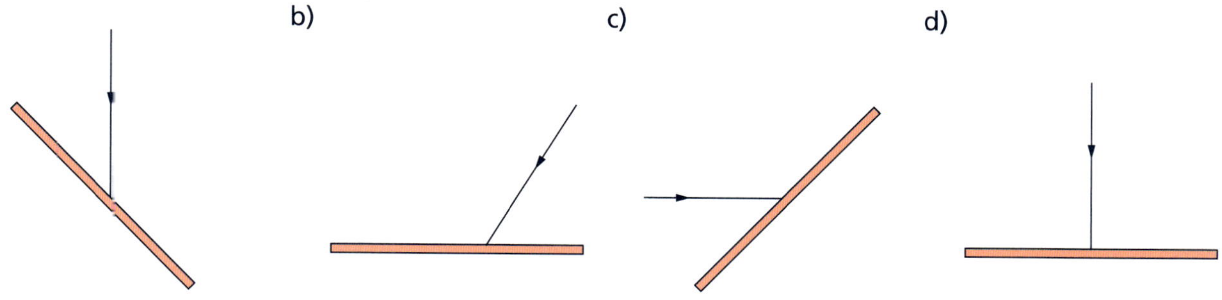

5 In den Kästen befinden sich ein oder zwei ebene Spiegel. Ergänze die Strahlenverläufe und zeichne die Lage der Spiegel ein.

a) b) c) d)

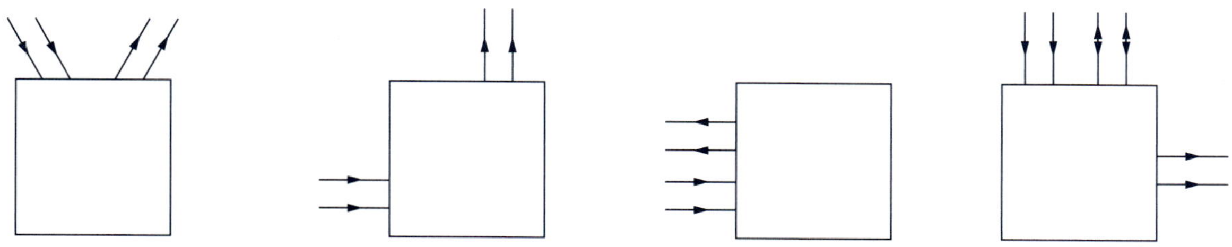

6 Mithilfe von Spiegeln kannst du „um die Ecke“ gucken. Wie müssen ebene Spiegel angeordnet werden, damit ein Beobachter B den Gegenstand G sehen kann? Zeichne Spiegel und Strahlenverlauf ein.

a) b) c)

7 Konstruiere von folgenden Gegenständen das Bild am ebenen Spiegel.

a) b) c)

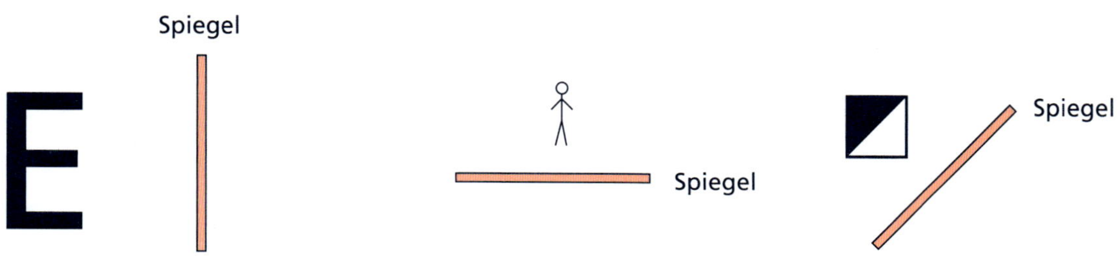

8 Die Skizze zeigt den Aufbau eines Periskops. Mit ihm wird z. B. eine Kerzenflamme beobachtet.

a) Zeichne den Verlauf des Lichts von den beiden äußeren Punkten der Kerzenflamme bis zum Auge.

b) Sieht man die Kerzenflamme aufrecht oder umgekehrt? Begründe.

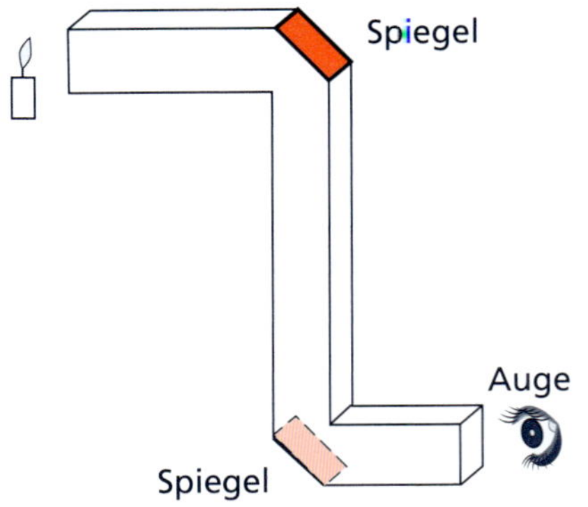

c) Baue dir selbst ein Periskop. Führe mit diesem Periskop Beobachtungen durch. Beschreibe die Bilder, die du siehst.

9 Damit man als Radfahrer nachts auch von der Seite aus erkennbar ist, müssen an den Rädern Reflektoren angebracht sein.

a) Bestrahle im Dunkeln einen solchen Reflektor aus verschiedenen Richtungen mit Licht. Nutze dazu eine Taschenlampe. Was kann man beobachten?

© L. Meyer, Potsdam

b) Untersucht man einen solchen Reflektor genauer, dann stellt man fest: Der Reflektor besteht aus lauter kleinen, rechteckigen Spitzen, so wie das rechts gezeichnet ist. Zeichne in die Skizze für alle drei Strahlen den weiteren Strahlenverlauf ein. Wie verlaufen einfallende und reflektierte Strahlen zueinander?

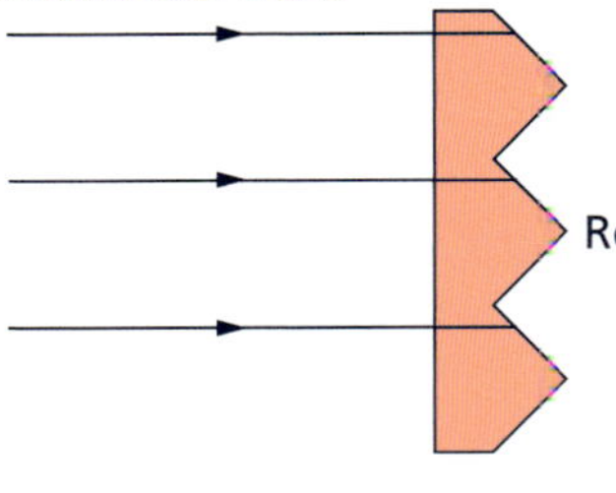

10 Du betrachtest dich in einem Spiegel.

a) Beschreibe das Bild, das du in einem ebenen Spiegel von dir selbst siehst.

© Technorama, Schweiz

b) Du stehst 1,5 m vor einem Spiegel und willst dein Spiegelbild fotografieren. Welche Entfernung müsste am Fotoapparat eingestellt werden, damit ein scharfes Bild entsteht?

11 Bezeichne die mit A, B, C, ... gekennzeichneten Teile der Skizze.

A ______________________________

B ______________________________

C ______________________________

D ______________________________

E ______________________________

F ______________________________

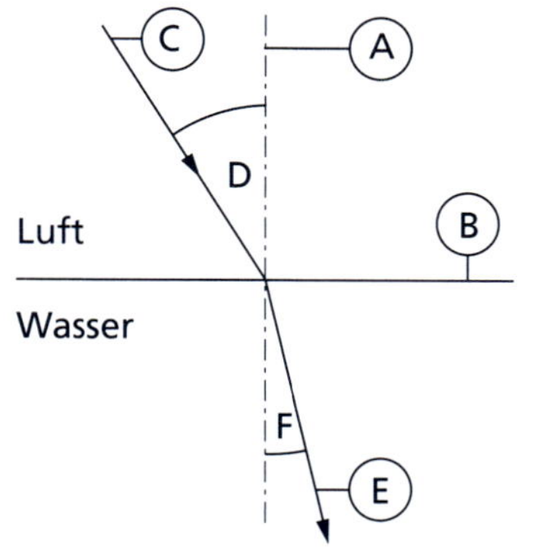

12 Untersuche für den Übergang des Lichts von Luft in Glas und von Glas in Luft, wie sich der Brechungswinkel ändert, wenn der Einfallswinkel verändert wird.
Stelle jeweils 5 verschiedene Einfallswinkel ein und miss die zugehörigen Brechungswinkel.

Übergang Luft–Glas

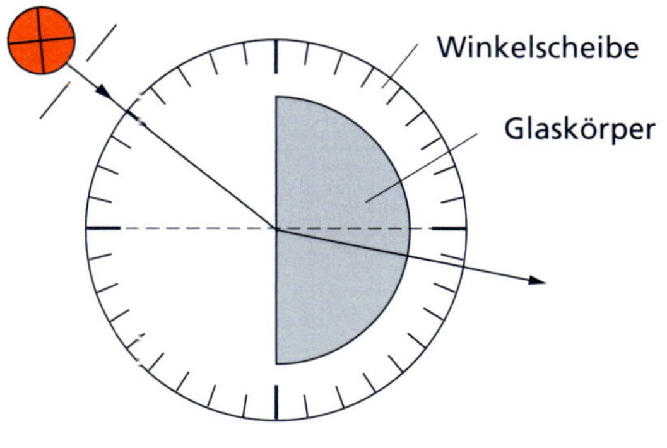

Übergang Glas–Luft

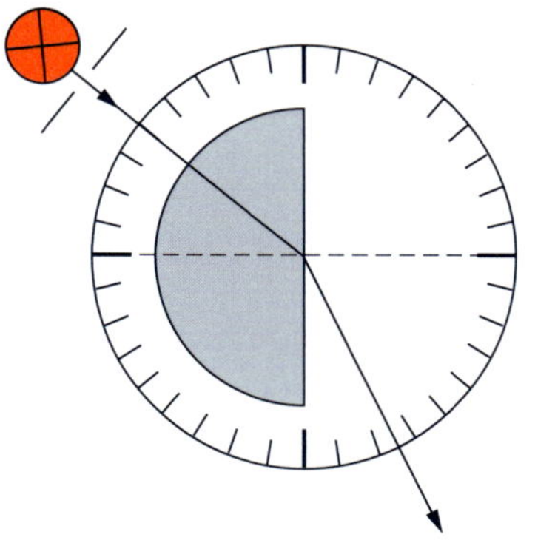

Einfallswinkel α	Brechungswinkel β

Ergebnis:

____

____

____

____

Einfallswinkel α	Brechungswinkel β

Ergebnis:

____

____

____

____

13 In den Skizzen ist die Ausbreitung von Licht dargestellt. Vervollständige den Strahlenverlauf.

a)

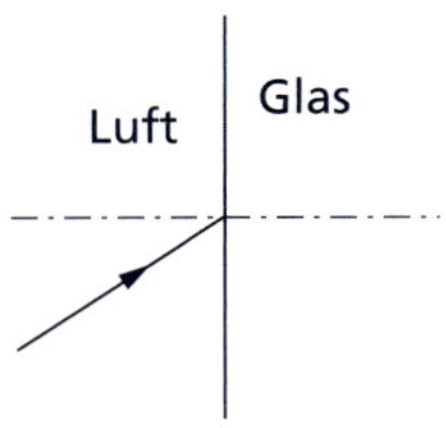

b)

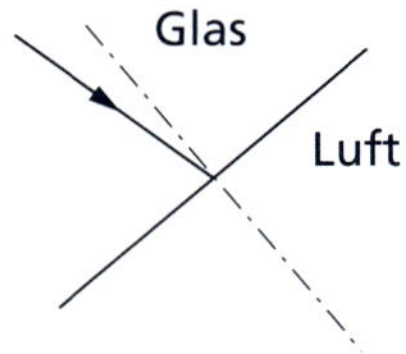

c)

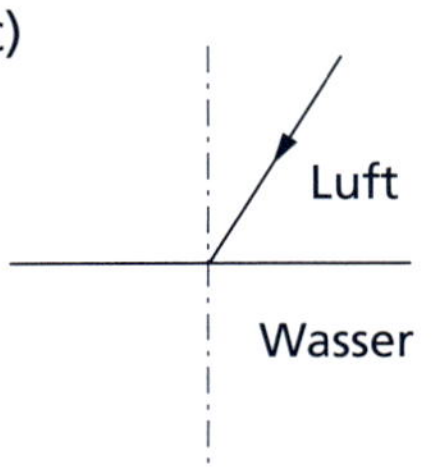

d)

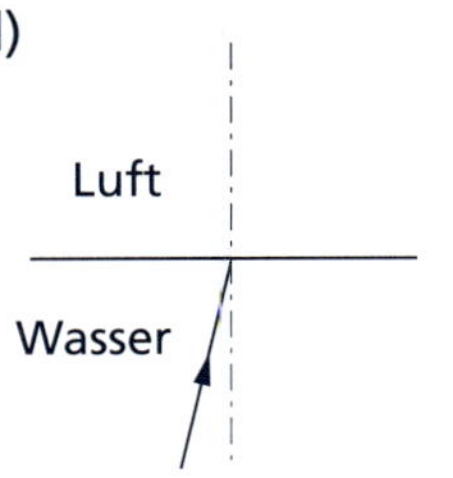

14 In den Skizzen sind einige Strahlenverläufe nach der Brechung falsch eingezeichnet. Korrigiere sie. Begründe deine Meinung.

a)

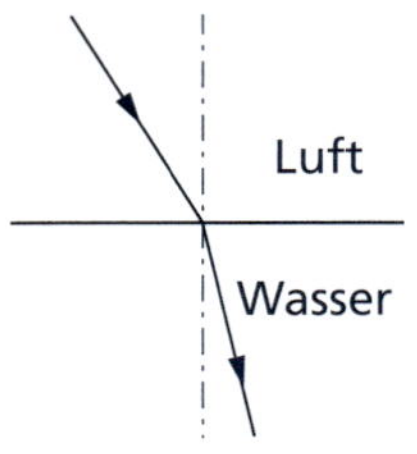

b)

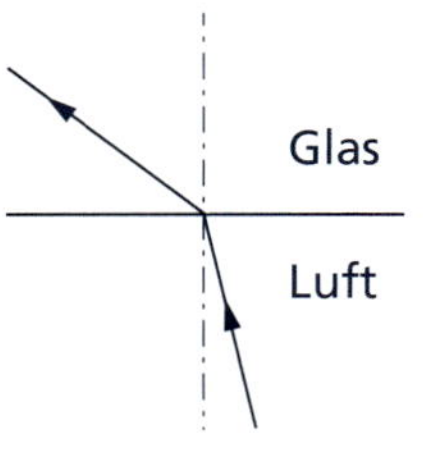

c)

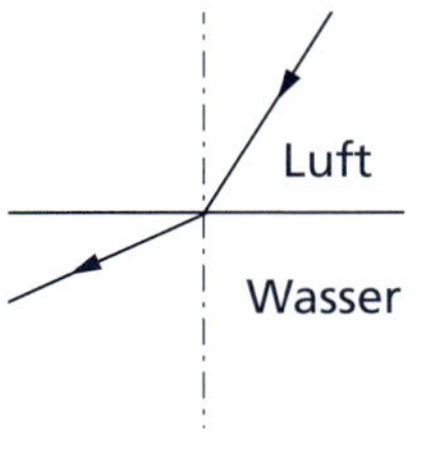

d)

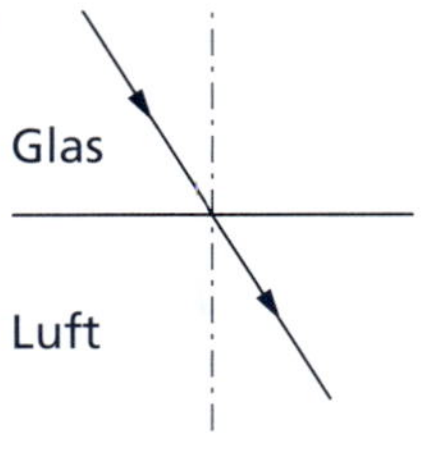

15 In einem See sieht ein Beobachter einen Fisch an der eingezeichneten Stelle.

a) Zeichne ein, wo sich der Fisch wirklich befindet.

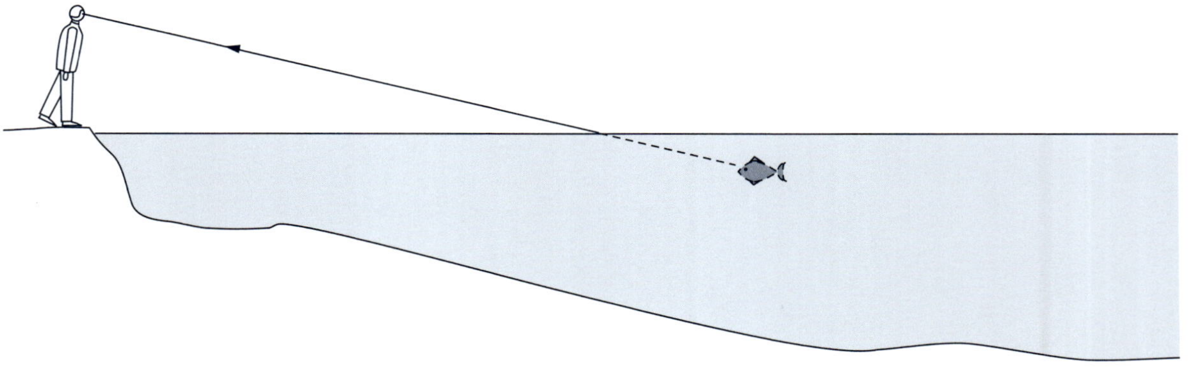

b) Begründe, warum der Beobachter den Fisch an einer anderen Stelle sieht, als sich dieser befindet.

1.3 Bilder an Sammellinsen

1 Untersuche experimentell den Strahlenverlauf an einer Sammellinse. Lege eine Linse auf die Markierung. Lass das Licht so auf die Linse fallen, wie es eingezeichnet ist.
Markiere den Weg des Lichts hinter der Linse. Zeichne die Lichtstrahlen ein.

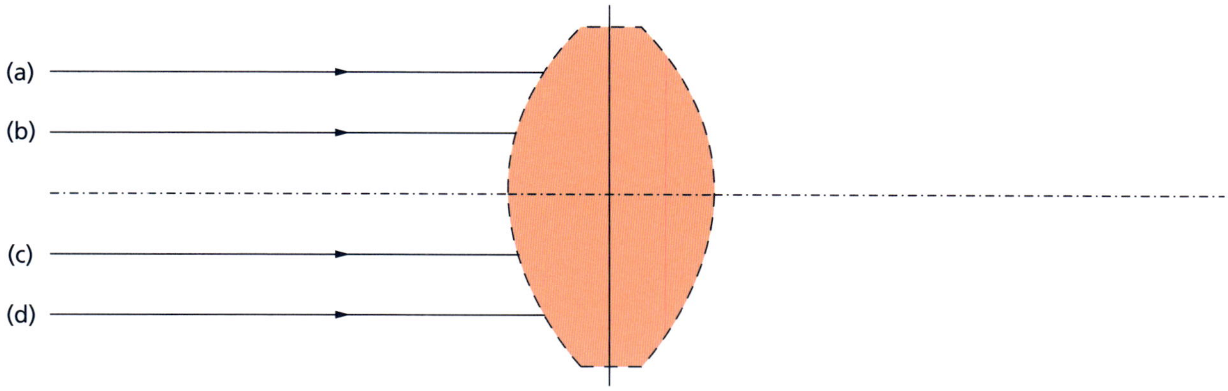

2 Benenne die einzelnen Teile.

A ______________________

B ______________________

C ______________________

D ______________________

E ______________________

F ______________________

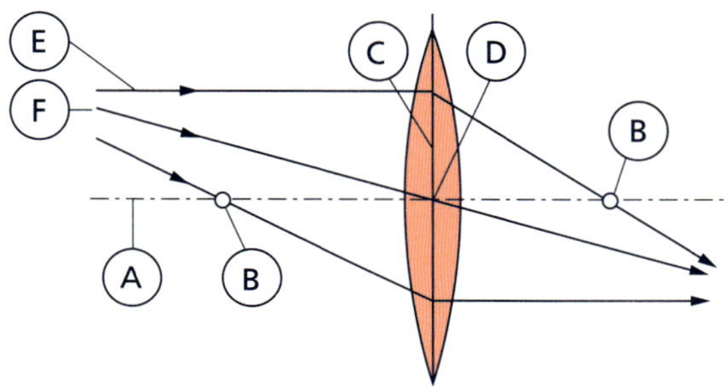

3 Untersuche experimentell den Verlauf von Parallelstrahl und Mittelpunktstrahl.
Lege eine Linse auf die Markierung. Lass das Licht so auf die Linse fallen, wie es eingezeichnet ist.
Markiere den Weg des Lichts hinter der Linse. Zeichne den Verlauf eines Brennpunktstrahls.

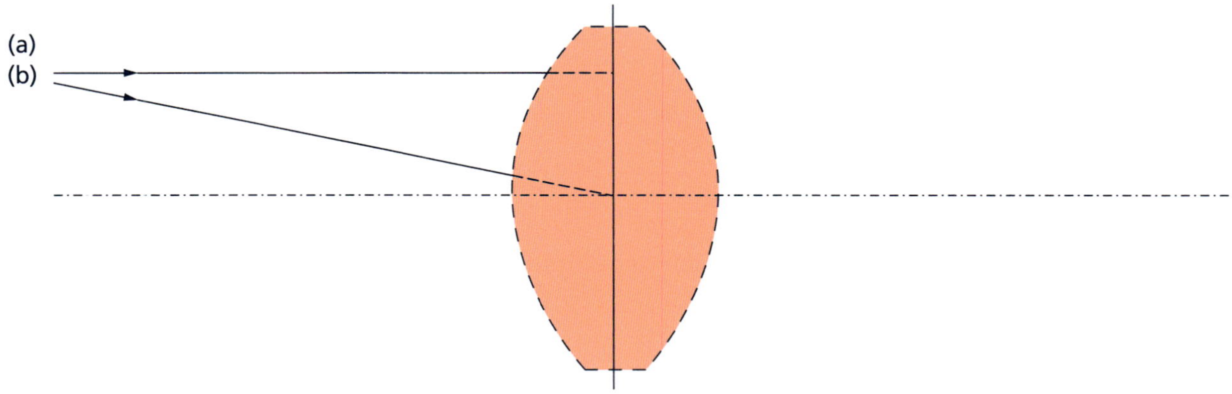

a) Parallelstrahl ——→ ______________________

b) Mittelpunktstrahl ——→ ______________________

4 Konstruiere das Bild des Gegenstands. Beschreibe Art, Lage und Größe des Bilds.

____

____

____

____

____

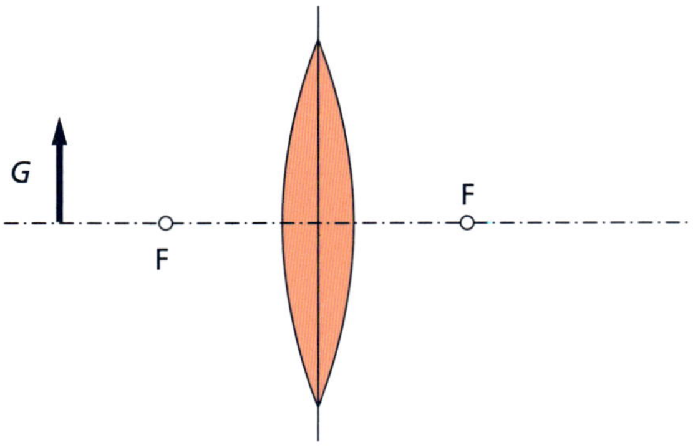

5 a) Konstruiere die Bilder für die Gegenstände 1, 2 und 3. Nutze dazu verschiedenfarbige Stifte. Miss jeweils die Gegenstandsgröße *G*, die Bildgröße *B*, die Gegenstandsweite *g* und die Bildweite *b*. Trage die Werte in die Tabelle ein.

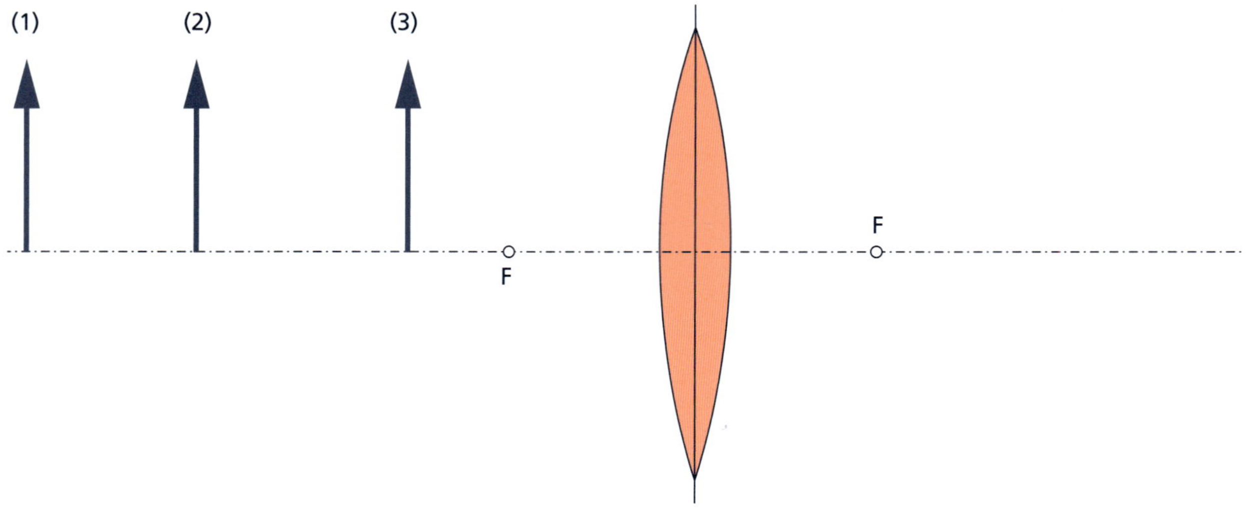

Nr.	*G*	*B*	*g*	*b*
1				
2				
3				

b) Welcher Zusammenhang besteht zwischen der Gegenstandsweite und der Größe des Bilds?

____

____

c) Welcher Zusammenhang besteht zwischen der Gegenstandsweite und der Bildweite?

____

____

6 Nenne wichtige Teile des menschlichen Auges. Welche Funktion haben diese Teile?

1 ______________________________

____

2 ______________________________

____

3 ______________________________

____

4 ______________________________

____

5 ______________________________

____

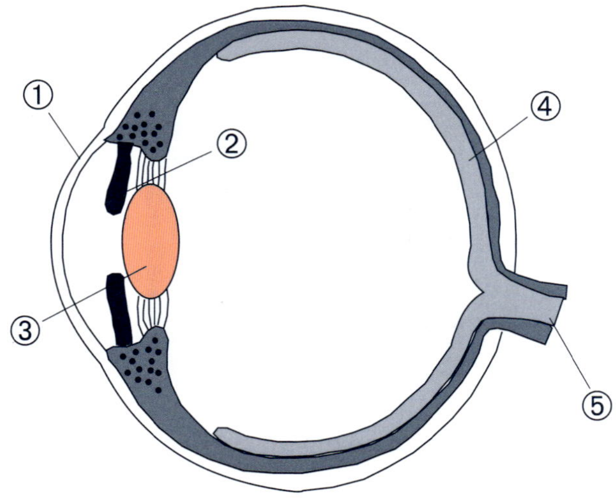

7 Ergänze den Strahlenverlauf. Was für ein Bild entsteht auf der Netzhaut?

____

____

____

____

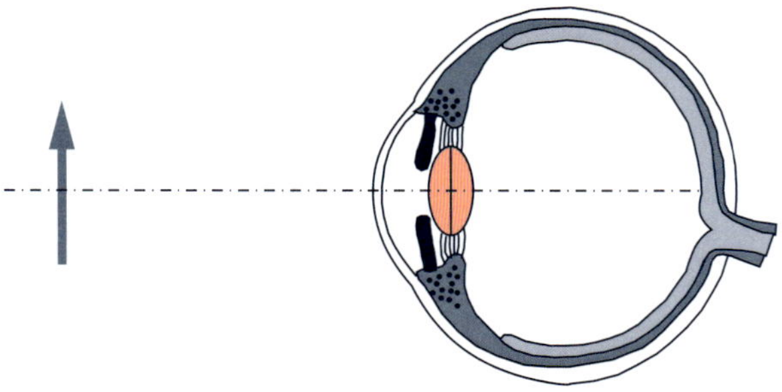

8 Wichtige Teile eines Fotoapparats sind das Objektiv, die Blende und der Film bzw. der CCD-Chip. Beim Auge gibt es Teile mit ähnlichen Funktionen.

a) Welche Teile des Auges haben eine ähnliche Funktion wie Teile des Fotoapparats? Ergänze.

Objektiv des Fotoapparats → ______________________________

Blende beim Fotoapparat → ______________________________

Film (CCD-Chip) im Fotoapparat → ______________________________

b) Zeichne das Bild eines Gegenstands beim Fotoapparat und beim Auge. Ermittle jeweils die Lage des Brennpunkts.

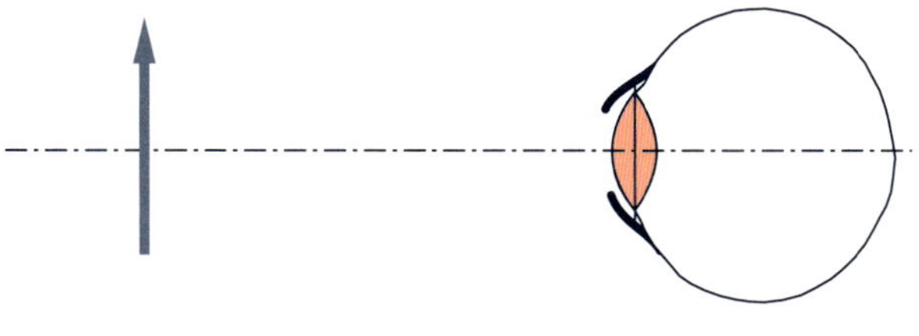

Teste dich selbst

Kreuze jeweils den Buchstaben der Antwort an, die richtig ist. Das kann bei einer Aufgabe auch mehr als ein Buchstabe sein. Ob du richtig geantwortet hast, kannst du unten prüfen, wenn du die Aussage mit den Lösungsbuchstaben vervollständigst.

1 Auf den Fotos sind verschiedene Körper abgebildet. Welche der Körper sind Lichtquellen?

L

© Mahler, B., Fotograf, Berlin

K

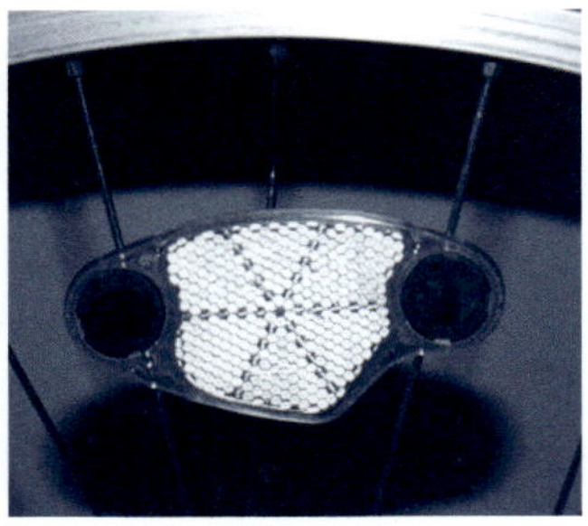

© L. Meyer, Potsdam

I

© Fotolia/Lulu Berlu

2 Licht wird an einem ebenen Spiegel reflektiert. Welche Skizze stellt den Sachverhalt richtig dar?

N

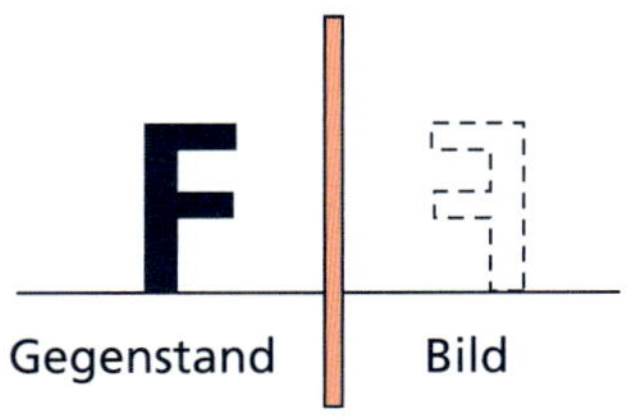

O

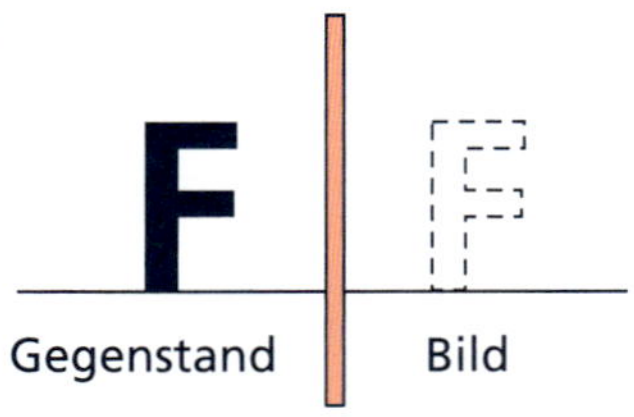

P

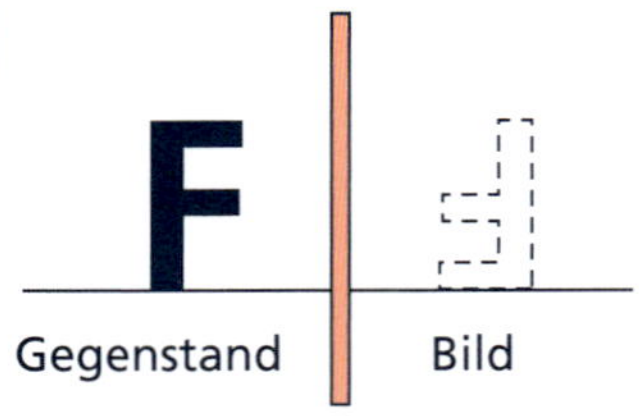

3 Licht trifft schräg auf die Grenzfläche zwischen Luft und Wasser beziehungsweise Luft und Glas. Welche Darstellung ist falsch?

Q

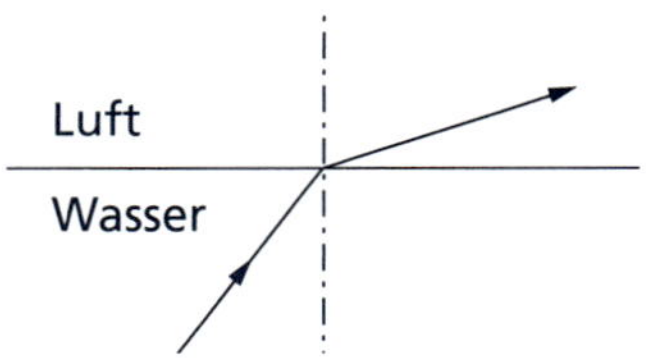

R

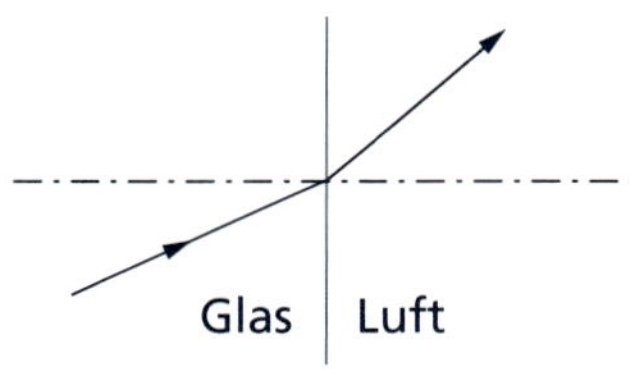

S

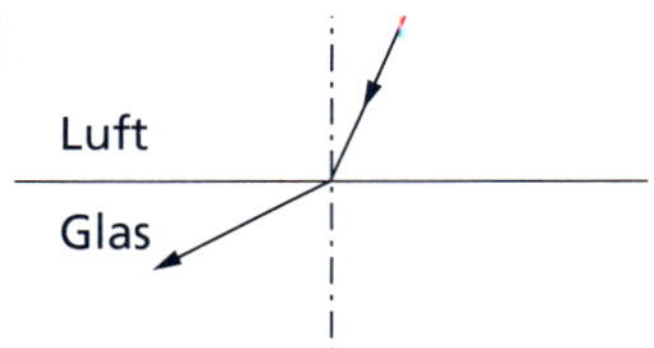

4 Eine Lupe ist eine Sammellinse. Welche Aussage ist richtig?

E Die Wirkung der Lupe beruht auf der Brechung des Lichts an den gewölbten Oberflächen.

F Die Wirkung der Lupe beruht auf der Reflexion des Lichts an den gewölbten Oberflächen.

N Die Lupe sammelt das parallele Licht, das von einer Lichtquelle kommt, im Brennpunkt.

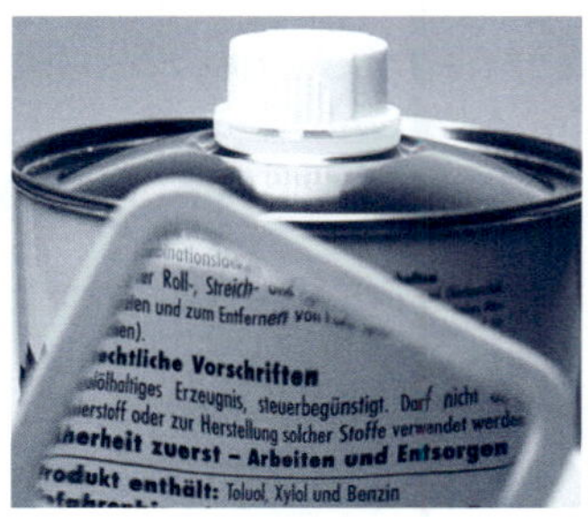

© Mahler, H., Fotograf, Berlin

Lösung:

Mit ☐ ☐ ☐ ☐ ☐ ☐

können Bilder von Gegenständen erzeugt werden.

2.1 Körper und Stoffe

1 Fülle in ein Glas kaltes Wasser, in ein zweites Glas warmes Wasser. Gib in jedes der Gläser 3 Tropfen Tinte.

a) Beobachte, wie sich die Tinte verteilt.

b) Beschreibe die Unterschiede.

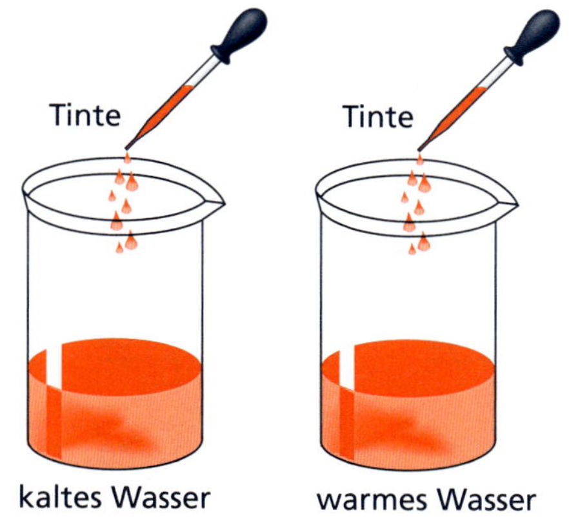

c) Erkläre die Unterschiede.

2 Ergänze die folgende Übersicht. Gehe vom Aufbau der Stoffe aus Teilchen aus.

	feste Körper	flüssige Körper	gasförmige Körper
Aufbau	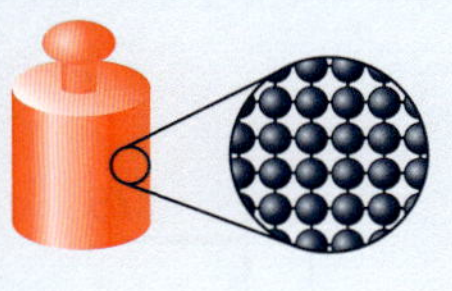	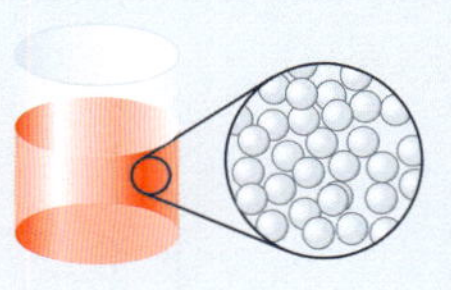	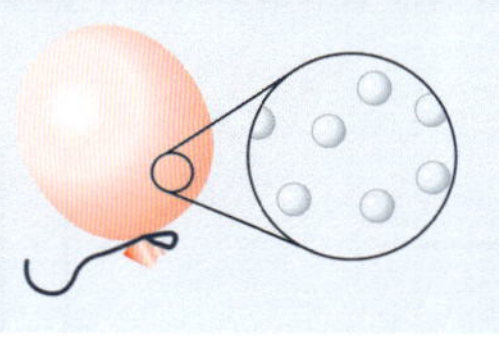
Beispiel für einen Körper			
Kräfte zwischen den Teilchen des Körpers			
Form des Körpers			
Volumen des Körpers			

3 Bestimme das Volumen der Flüssigkeit in jedem Messzylinder. Gib das Volumen in den Einheiten ml, cm^3 und dm^3 an.

a) b) c) d) e)

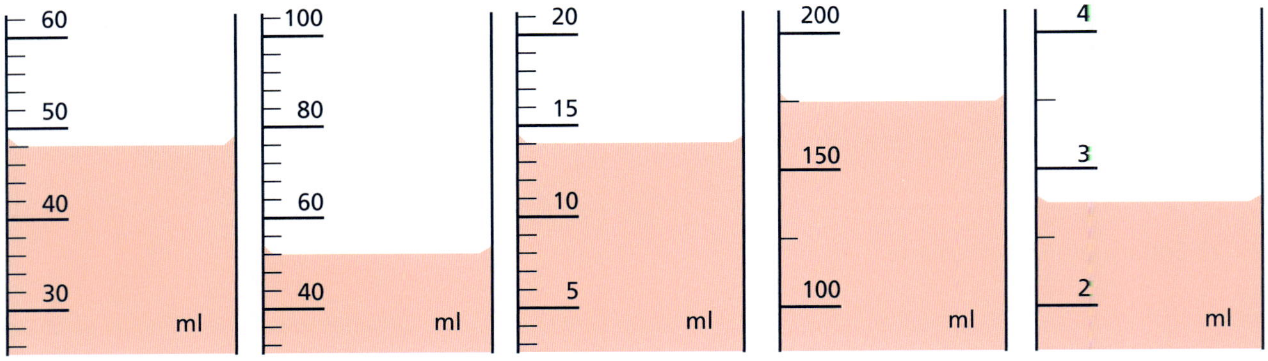

V = ______ V = ______ V = ______ V = ______ V = ______

4 Zeichne das angegebene Volumen in die abgebildeten Messzylinder farbig ein.

15 ml 125 ml 3,5 ml 160 ml $\frac{1}{4}$ l

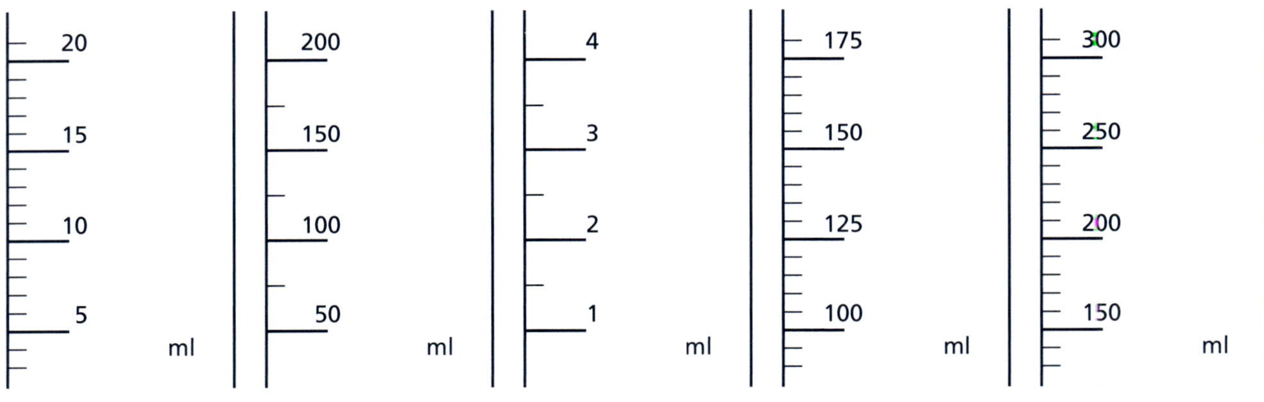

5 Bestimme experimentell das Volumen eines unregelmäßig geformten Körpers mit der Differenzmethode.

Vorbereitung:
Schätze das Volumen des Körpers. $V_{geschätzt}$ = ______
Wähle einen geeigneten Messzylinder aus.

Durchführung und Auswertung:
Führe die entsprechenden Messungen durch. Ermittle das Volumen des festen Körpers.

V_1 = ______ V_2 = ______

$V_{Körper} = V_2 - V_1$ $V_{Körper}$ = ______

6 Auf den Verpackungen von Waren findest du verschiedene Angaben, darunter auch meist die Masse. Gib den Wert der Größe in zwei verschiedenen Einheiten an.

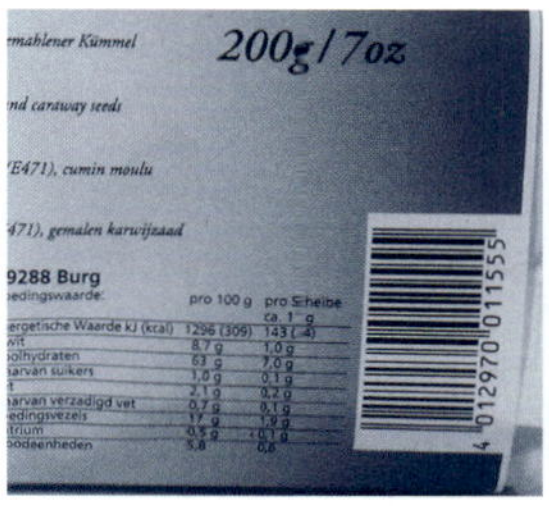

© Biedermann, A., Berlin

© Meyer, L., Potsdam

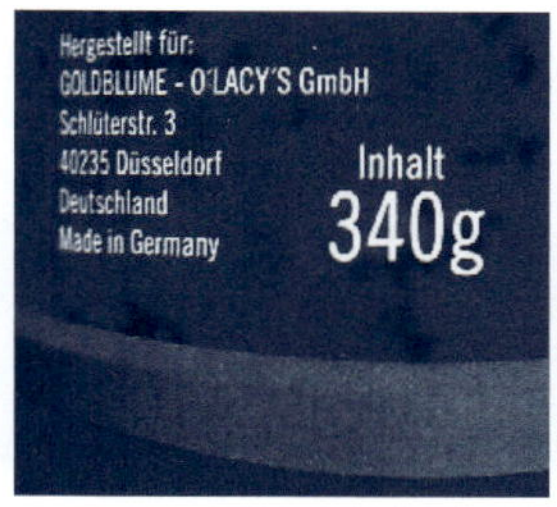

© Meyer, L., Potsdam

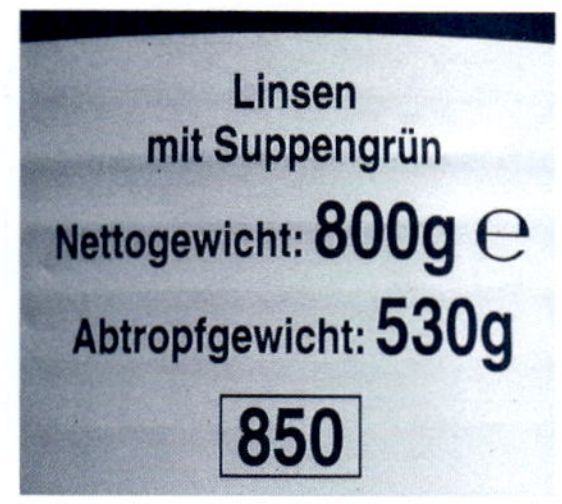

© Meyer, L., Potsdam

7 Ergänze die Angaben in der Tabelle.

m = 25 g	m = 380 kg	m = 4,3 t	m = 3 180 mg	m = 1,3 kg
m = ______ kg	m = ______ t	m = ______ kg	m = ______ g	m = ______ g
m = ______ mg	m = ______ g	m = ______ g	m = ______ kg	m = ______ mg

8 Die Masse einer Kartoffel, einer vollen Limonadenflasche, deines Physikbuchs, eines vollen Joghurtbechers und eines Apfels sollen bestimmt werden.
Schätze zunächst die Masse jedes Körpers. Bestimme die Masse dann mit einer Haushaltswaage.

Körper	geschätzte Masse	gemessene Masse
Kartoffel		
Limonadenflasche		
Physikbuch		
Joghurtbecher		
Apfel		

9 Die Masse einer 10-Cent-Münze soll möglichst genau bestimmt werden.
a) Schätze die Masse einer 10-Cent-Münze. geschätzter Wert: ______
b) Beschreibe, wie man diese Masse bestimmen könnte.

______

c) Bestimme die Masse einer 10-Cent-Münze. Vergleiche mit dem geschätzten Wert.

______

10 Die Würfel aus verschiedenen Stoffen haben das gleiche Volumen. Ordne die Würfel nach ihrer Masse. Schreibe in die Würfel die Ziffern 1 (geringste Masse) bis 5 (größte Masse). Gib für jeden Stoff die Dichte an.

Glas | Holz | Silber | Beton | Kupfer

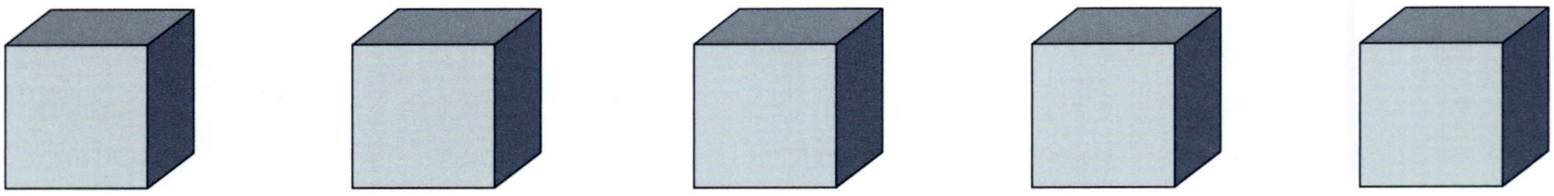

ϱ_{Glas} = ______

11 In den Bechergläsern befinden sich Wasser, Benzin und Spiritus jeweils gleicher Masse. Ordne die Stoffe den Bechergläsern zu. Begründe deine Zuordnung.

a) b) c)

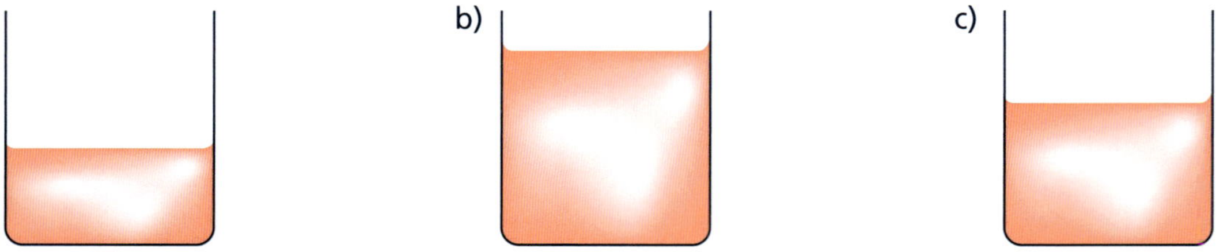

12 Die Messzylinder sollen jeweils 50 g der betreffenden Flüssigkeit eingefüllt werden. Gib für jeden Stoff die Dichte an. Berechne das jeweilige Volumen in ml. Markiere mit farbigem Stift, wie hoch die Flüssigkeit nach dem Einfüllen jeweils steht.

Wasser | Spiritus | Quecksilber | Benzin | Dieselkraftstoff

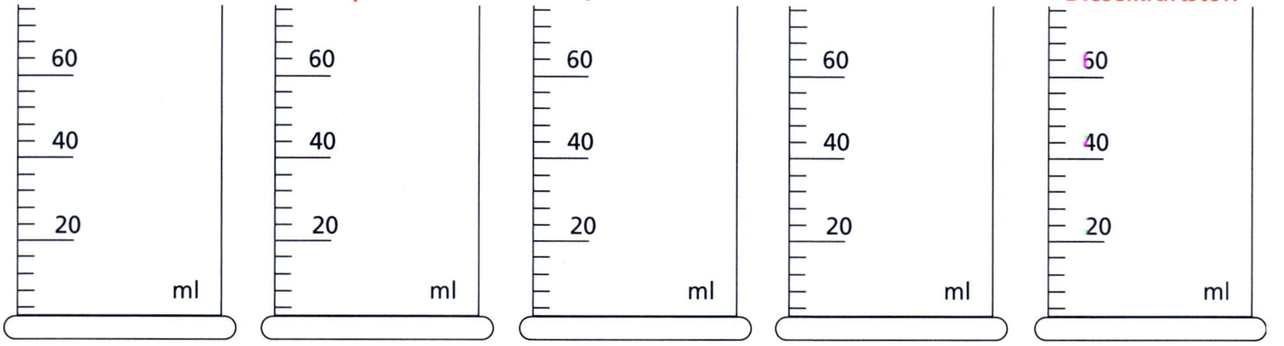

Wasser	Spiritus	Quecksilber	Benzin	Dieselkraftstoff
ϱ =	ϱ =	ϱ =	ϱ =	ϱ =
V =	V =	V =	V =	V =

13 Bestimme die Dichte des Stoffs von einem Körper, der dir gegeben wird. Ermittle, aus welchem Stoff der Körper bestehen könnte.

Vorbereitung:
a) Mit welcher Gleichung kann die Dichte berechnet werden?

____

b) Welche Größen müssen experimentell bestimmt werden, um die Dichte eines Stoffs zu berechnen? Wie kann man diese ermitteln?

Größe 1: ____________ Messverfahren: ____________

Größe 2: ____________ Messverfahren: ____________

Durchführung:
Führe die entsprechenden Messungen durch. $V =$ ____________

$m =$ ____________

Auswertung:
a) Berechne die Dichte des Stoffs, aus dem der Körper besteht.

b) Aus welchem Stoff könnte der Körper bestehen?

____

c) Wodurch könnte die Genauigkeit des Ergebnisses beeinflusst worden sein?

____

____

14 Sand hat eine Dichte von $1{,}6\ \frac{g}{cm^3}$.
Ergänze die fehlenden Werte in der Tabelle.

Volumen V in cm^3	Masse m in g
1	
	4,8
15	
	100

2.2 Bewegung von Körpern

1 Nachfolgend sind Beispiele für Bewegungen dargestellt. Gib an, ob sich die Personen in Ruhe oder in Bewegung befinden. Nenne dabei mögliche Bezugskörper.

a) 
© Photo Disc Inc.

b) 
© Photo Disc Inc.

c) 
© Photo Disc Inc.

2 Körper können sich auf unterschiedlichen Bahnen bewegen. Skizziere die Bahnkurven der Körper, die auf den Fotos dargestellt sind. Beschreibe die Bahnkurven in Worten.

a) 
© Photo Disc Inc.

b) 
© Photo Disc Inc.

c) 
© Corel Photos Inc.

3 Ergänze den folgenden Text:

Ein Radfahrer fährt mit 18 $\frac{km}{h}$. Dann legt er in 30 Minuten einen Weg von ______ Kilometern zurück.

Für eine Strecke von 3 Kilometern benötigt er ______ Minuten.

4 Überprüfe experimentell, ob die Bewegung, mit der eine Luftblase in einem Glasrohr aufsteigt, gleichförmig verläuft.

Vorbereitung:
Wie kann man überprüfen, ob die Bewegung eines Körpers gleichförmig verläuft?

Durchführung:

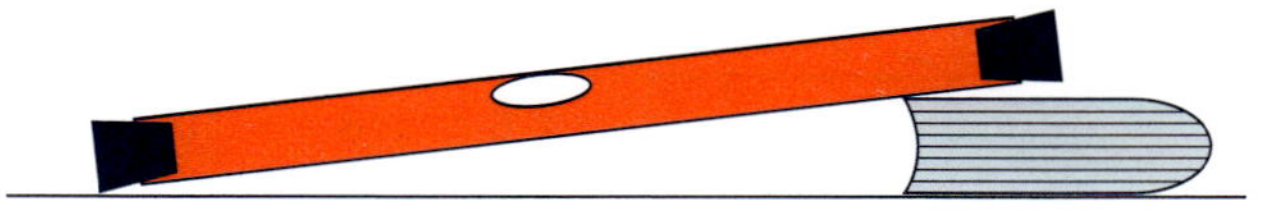

a) Fülle ein dünnes Glasrohr mit Wasser so, dass eine etwa 1 cm lange Luftblase bleibt. Verschließe das Glasrohr auf beiden Seiten. Lege das Glasrohr auf einen kleinen Bücherstapel.
b) Bitte einen Mitschüler, dir alle zwei Sekunden ein Zeichen zu geben.
c) Drehe das Glasrohr um 180°, sodass die Luftblase vom unteren Rohrende aufsteigt. Kennzeichne mit einem Faserstift auf dem Glasrohr, wo sich die Luftblase nach 2 s, 4 s, 6 s usw. befindet. Miss die jeweiligen Wege und trage die zusammengehörigen Werte in die Messwertetabelle ein.
d) Führe die Messungen für eine andere Neigung des Glasrohrs durch.

Auswertung:

Zeit t in s	Weg s in cm		Geschwindigkeit v in $\frac{cm}{s}$	
	Neigung 1	Neigung 2	Neigung 1	Neigung 2

a) Überprüfe rechnerisch, ob die Bewegung gleichförmig verläuft. Ergänze dazu die letzten beiden Spalten der Tabelle. Formuliere das Ergebnis in Worten.

b) Überprüfe mithilfe eines $s(t)$-Diagramms, ob die Bewegung gleichförmig verläuft. Formuliere das Ergebnis in Worten.

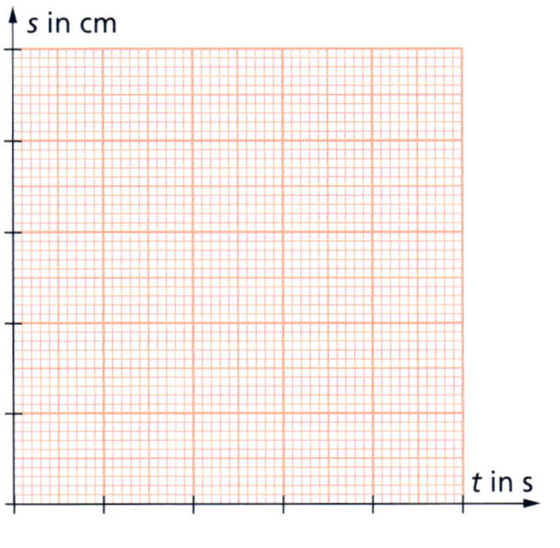

5 Im $s(t)$-Diagramm sind Messwerte für die Bewegung eines Radfahrers dargestellt.

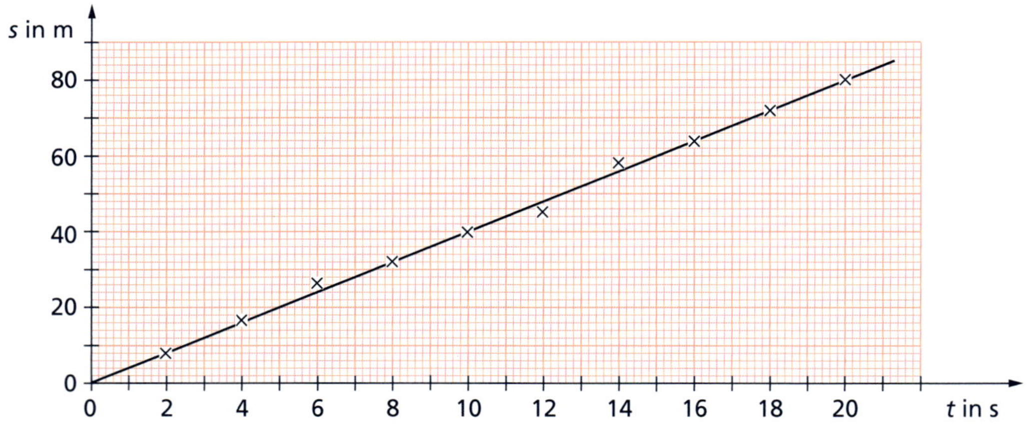

a) Führt der Radfahrer eine gleichförmige Bewegung aus? Begründe.

b) Wie groß ist die Geschwindigkeit des Radfahrers in $\frac{m}{s}$ und $\frac{km}{h}$?

6 Nachfolgend ist das $s(t)$-Diagramm für einen ICE dargestellt.

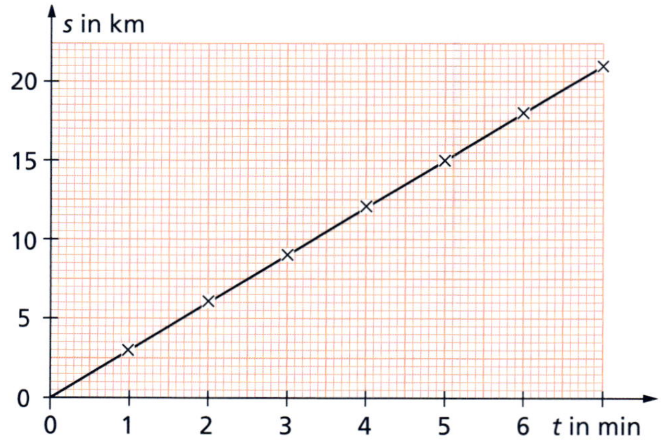

a) Interpretiere dieses Diagramm.

b) Berechne aus einem Wertepaar die Geschwindigkeit des ICE.

c) Zeichne das $v(t)$-Diagramm.

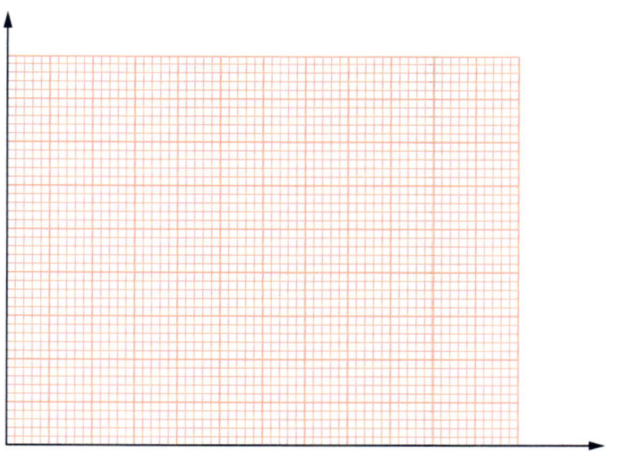

Teste dich selbst

Kreuze jeweils den Buchstaben der Antwort an, die richtig ist. Das kann bei einer Aufgabe auch mehr als ein Buchstabe sein. Ob du richtig geantwortet hast, kannst du unten prüfen, wenn du die Aussage mit den Lösungsbuchstaben vervollständigst.

1 In einem Messzylinder befinden sich 100 ml Wasser. Das sind

U 100 mm^3, **V** 100 cm^3, **W** 100 dm^3.

2 Die Masse eines Körpers beträgt 250 g. In anderen Einheiten ausgedrückt sind das

N 2 500 mg, **O** 0,250 kg, **I** 0,025 t.

3 Messgeräte zur Bestimmung der Masse eines Körpers sind

J Federkraftmesser, **K** Barometer, **L** Waagen.

4 In zwei gleichartigen Bechergläsern, die gleich hoch gefüllt sind, befinden sich zwei unterschiedliche Flüssigkeiten. Die Masse von Flüssigkeit 1 ist aber größer als die von Flüssigkeit 2 Dann gilt für die Dichten:

U Die Dichte von Flüssigkeit 1 ist größer als die von Flüssigkeit 2.

V Die Dichte von Flüssigkeit 2 ist größer als die von Flüssigkeit 1

W Beide Flüssigkeiten haben die gleiche Dichte.

© H. Mahler, Fotograf, Berlin

5 Ein Pkw fährt auf einer Landstraße mit einer Geschwindigkeit von 72 $\frac{km}{h}$.
Welche der folgenden Aussagen sind richtig?

M Der Pkw legt in 30 Minuten eine Strecke von 36 km zurück.

C Die in einer Sekunde zurückgelegte Strecke beträgt 36 m.

E Eine Strecke von 100 Metern schafft der Pkw in 5 Sekunden.

6 Das nebenstehende Diagramm wurde für die Bewegung eines Körpers aufgenommen. Welche Aussagen treffen zu?

A Der Körper wird immer schneller.

N Der Körper bewegt sich gleichförmig.

X Der Körper bewegt sich auf einer ansteigenden Straße.

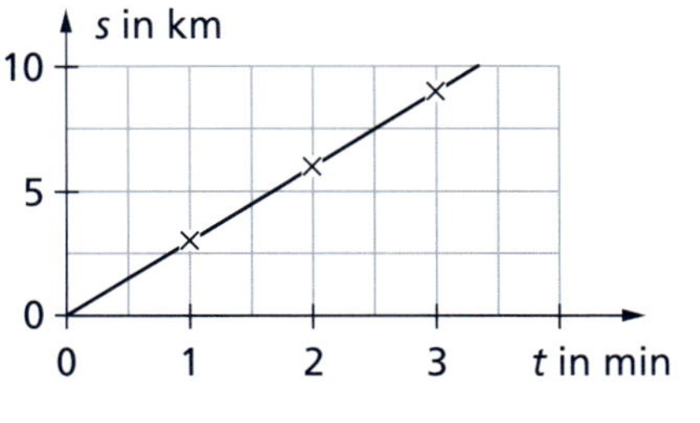

Lösung:

Jeder feste und flüssige Körper hat ein bestimmtes

☐ ☐ ☐ ☐ ☐ ☐ ☐ .

3.1 Temperatur, Längen- und Volumenänderung

1 a) Bezeichne die Teile des Thermometers.
b) Was fehlt in der Skizze, damit das Thermometer zur Temperaturmessung genutzt werden kann?

____

____

c) Wie kann man ermitteln, wie hoch die Thermometerflüssigkeit bei 100 °C steht?

____

____

____

____

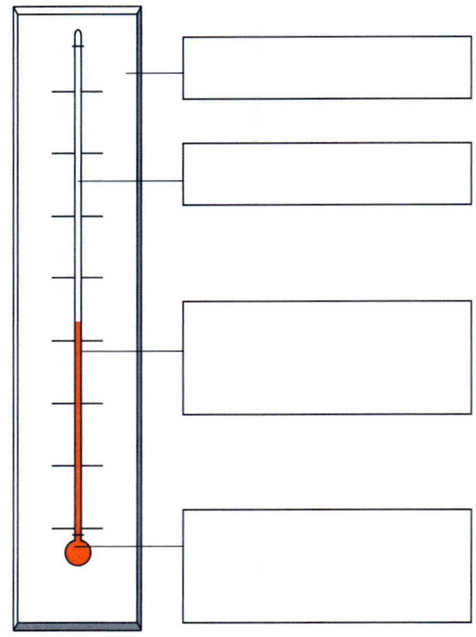

2 a) Lies an den verschiedenen Thermometern die Temperatur ab.

(1) **(2)** **(3)** **(4)** **(5)** **(6)**

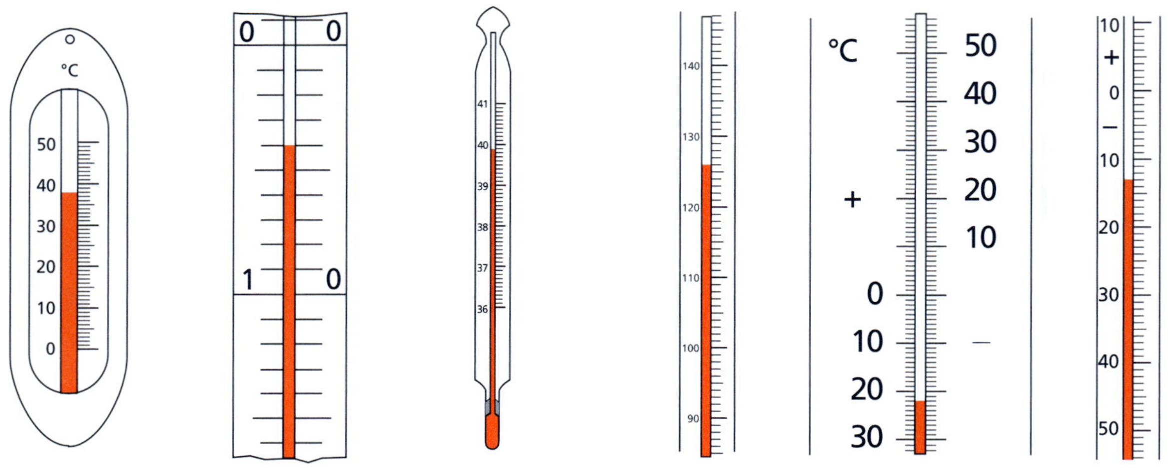

________ ________ ________ ________ ________ ________

b) Welches oder welche Thermometer würdest du nutzen, um die Temperatur folgender Körper zu messen? Schreibe die jeweiligen Zahlen auf, die über den Thermometern stehen.

Luft im Innern eines Kühlschranks	
Badewasser in der Badewanne	
Körpertemperatur bei einer Erkrankung	
siedendes Wasser in einem Kochtopf	
Luft an einer sonnigen Stelle im Hochsommer	

3 Miss die Veränderung der Lufttemperatur im Laufe eines Tags. Nutze dazu ein Thermometer, das sich ständig im Schatten befindet. Trage deine Messwerte in die Tabelle ein. Zeichne das Zeit-Temperatur-Diagramm.

Zeit t	8 h	9 h	10 h	11 h	12 h	13 h	14 h	15 h	16 h	17 h	18 h
Temperatur ϑ											

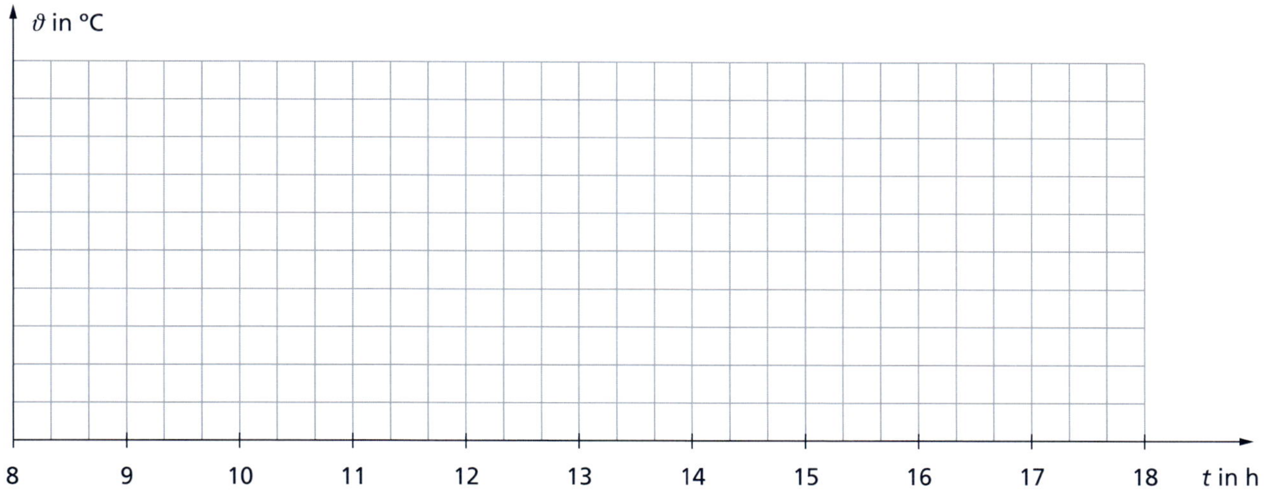

Was kannst du aus dem Diagramm erkennen?

____

____

____

4 Trage die angegebenen Temperaturen ein, indem du die Höhe der Flüssigkeitssäule mit farbigem Stift markierst.

22 °C | −8 °C | 37,2 °C | 115 °C | −5 °C | −18 °C

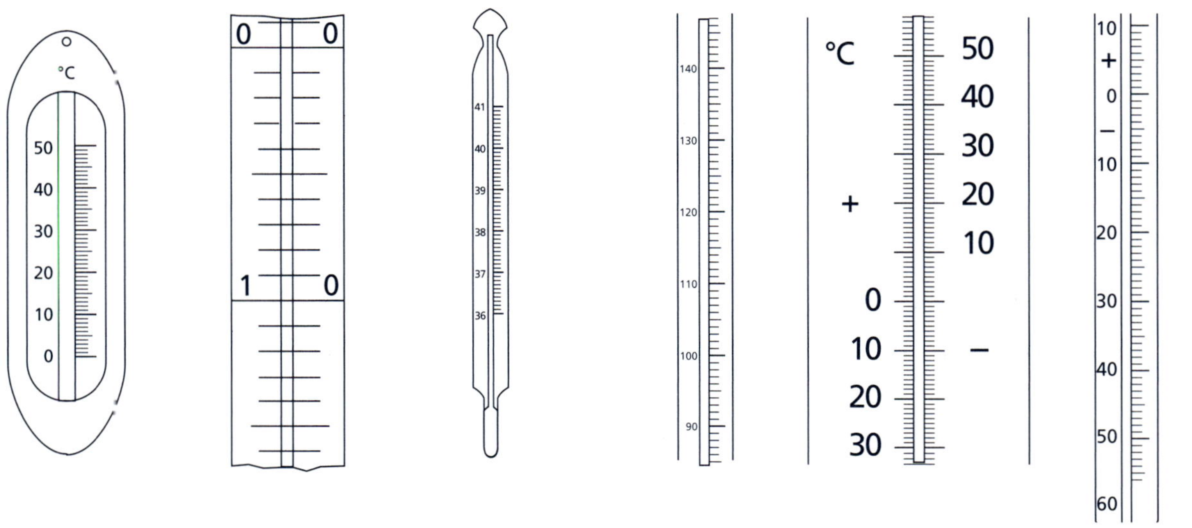

5 Bei gleicher Temperaturänderung dehnt sich Messing stärker aus als Stahl und Aluminium stärker als Messing. In welcher Richtung biegen sich die Bimetallstreifen bei Erhöhung der Temperatur? Zeichne das jeweils ein.

a)

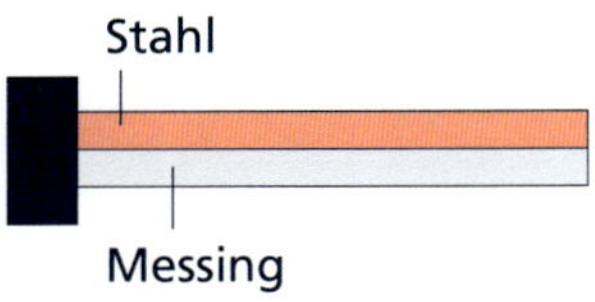

b)

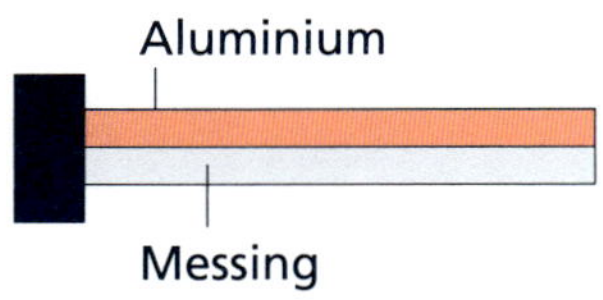

c)

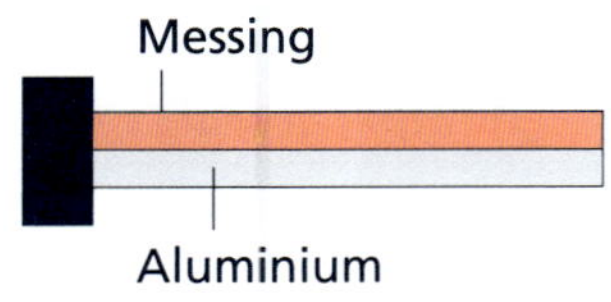

6 Beschreibe anhand der Skizze die Temperaturregelung mittels Bimetallstreifen bei einem Reglerbügeleisen.

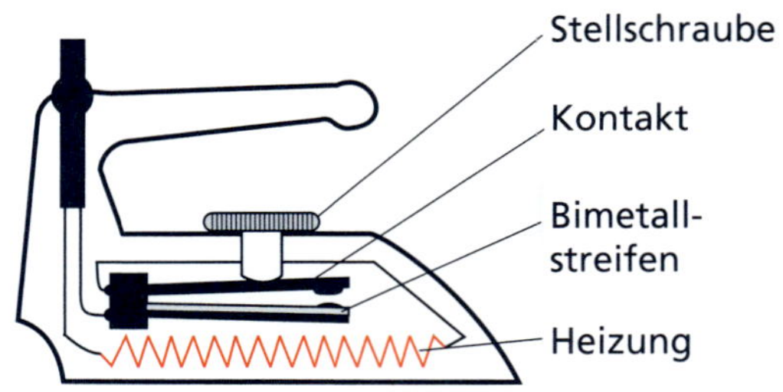

7 Die Skizze zeigt den Aufbau eines einfachen Gasthermometers. Beschreibe den Aufbau. Erkläre die Wirkungsweise.

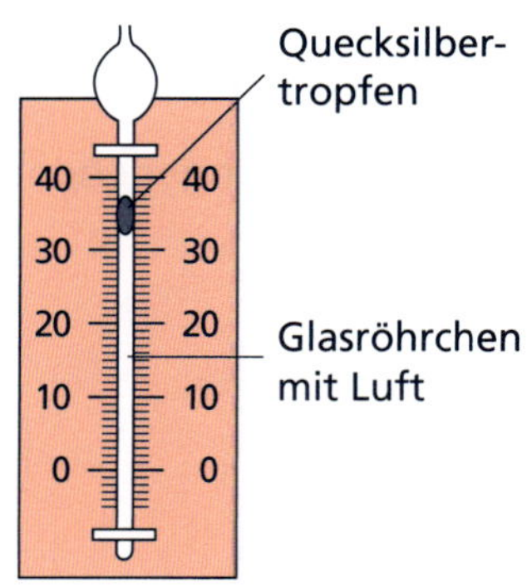

8 Die Längen- oder Volumenänderung von Körpern ist teils erwünscht, teils auch unerwünscht. Ergänze die Tabelle durch Beispiele.

Längen- oder Volumenänderung erwünscht	Längen- oder Volumenänderung unerwünscht

9 Wasser verhält sich anders als die meisten anderen Flüssigkeiten. Ergänze den folgenden Lückentext.

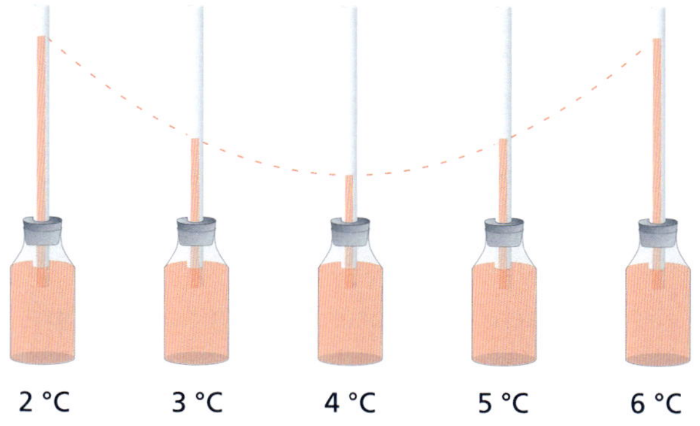

Eine bestimmte Menge Wasser hat bei 2 °C ein ______________ Volumen. Wird diese Wassermenge erwärmt, dann ________________ das Volumen und erreicht bei einer Temperatur von _______ seinen kleinsten Wert. Wird das Wasser weiter erwärmt, dann ____________ sich das Volumen des Wassers wieder. Diese Erscheinung wird in der Physik als ______________________ bezeichnet. Das Verhalten von Wasser ist deshalb nicht normal (anomal), weil sich alle anderen Flüssigkeiten bei Erwärmen _____________ .

10 Wie verändert sich die Dichte des Wassers mit der Temperatur?

____

11 Bei Teichen und Seen kann man im Sommer und im Winter eine typische Temperaturschichtung feststellen. Ergänze in den Skizzen die fehlenden Temperaturen.

Sommer

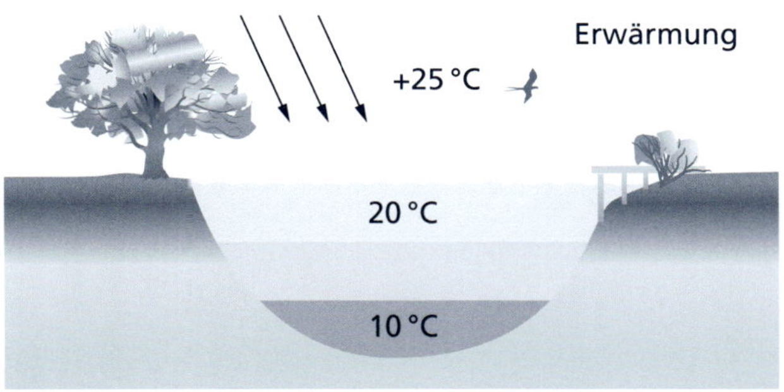

Winter

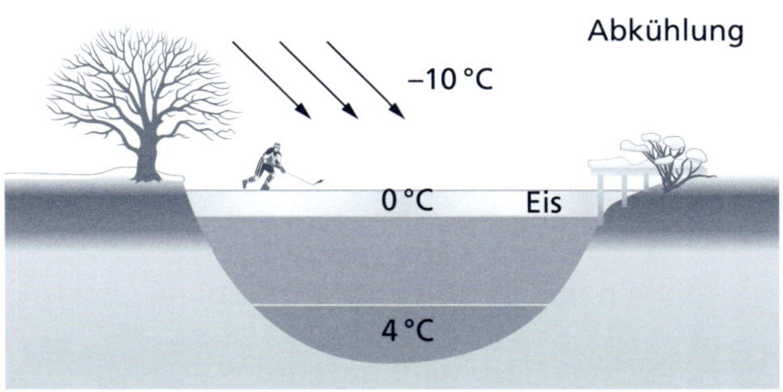

Warum ist das Wasser oben wärmer als unten?

____
____
____
____
____

Warum beträgt die Temperatur unten nicht weniger als 4 °C?

____
____
____
____
____

3.2 Aggregatzustandsänderungen

1 Welche Aggregatzustandsänderung geht bei dem beschriebenen Vorgang vor sich?

(1) Das Eis auf einem See taut. ____________________

(2) Flüssiger Stahl wird in eine Form gegossen. ____________________

(3) Butter wird in eine heiße Pfanne gegeben. ____________________

(4) Wachs einer brennenden Kerze tropft auf den Tisch. ____________________

(5) Der Spiegel im Bad beschlägt. ____________________

2 In der Skizze ist der Wasserkreislauf in der Natur vereinfacht dargestellt. Benenne die Aggregatzustandsänderungen, die vor sich gehen.

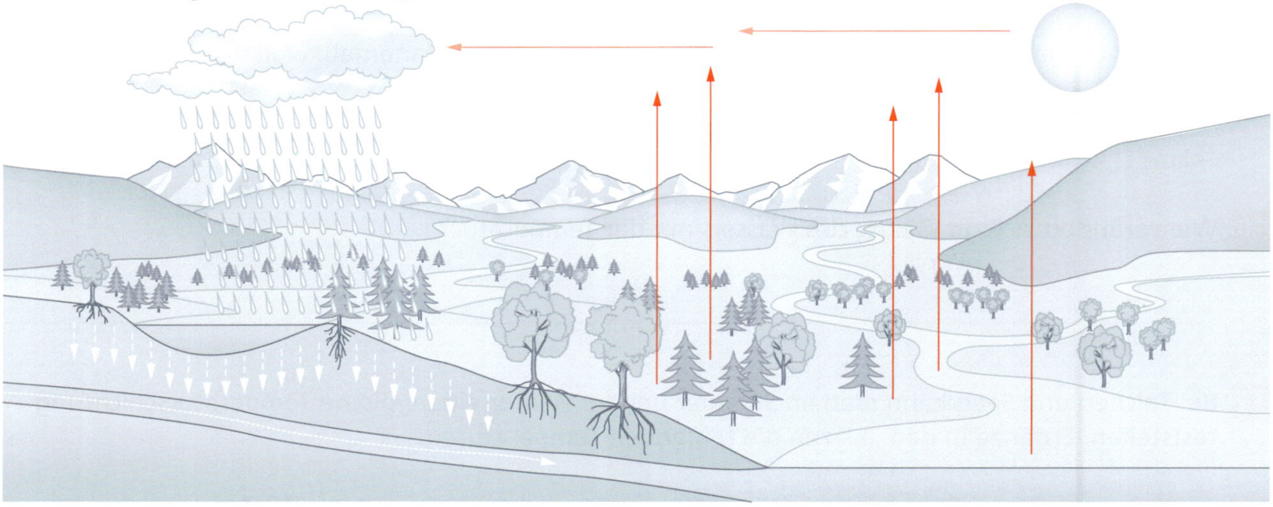

3 Erfolgt bei den nachfolgenden Vorgängen Sieden oder Verdunsten?

Auf dem Herd kocht die Suppe.	
Die Wäsche trocknet im Wind.	
Eine nasse Straße wird trocken.	
Feuchtes Haar wird geföhnt.	

4 In der Skizze ist der Wasserkreislauf in der Natur vereinfacht dargestellt. Benenne die Aggregatzustandsänderungen, die vor sich gehen.

5 Untersuche die Änderung der Temperatur von Wasser bei gleichmäßiger Zufuhr von Wärme.

Vorbereitung:
Fülle ein Becherglas halbvoll mit Wasser. Stelle das Becherglas auf eine Heizplatte. Achte auf einen standsicheren Aufbau. Vorsicht! Es besteht Verletzungsgefahr.

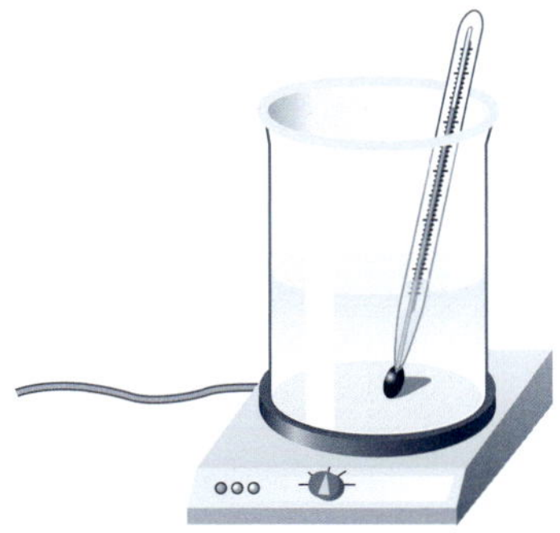

Durchführung:
Miss die Temperatur des Wassers. Trage sie in die Tabelle zur Zeit $t = 0\,\text{min}$ ein Schalte dann die Heizplatte an. Achte darauf, dass das Wasser gut durchgerührt wird. Miss jede halbe Minute die Temperatur des Wassers. Trage die Werte in die Tabelle ein.

***t* in min**	0	1	2	3	4	5	6	7	8	9	10
ϑ in °C											

Auswertung:
a) Zeichne das Zeit-Temperatur-Diagramm.
b) Beschreibe den Zusammenhang zwischen der Temperatur des Wassers und der Zeit der Wärmezufuhr in Worten.

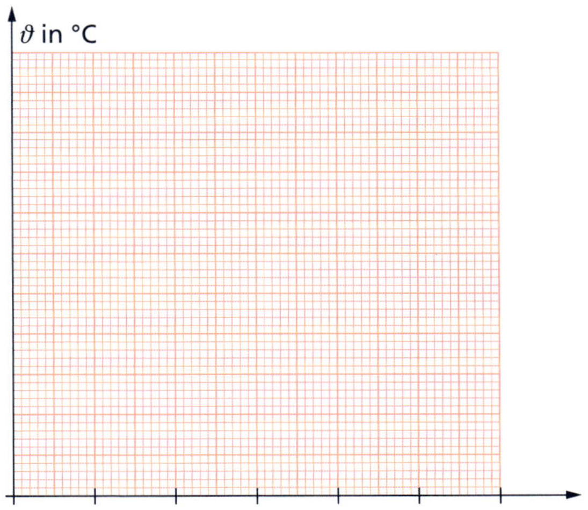

6 In einem Experiment wurde Wasser erhitzt. Die Messwerte sind im Diagramm dargestellt. Die gesamte Zeit wurde gleichmäßig Wärme zugeführt.
a) Ergänze mithilfe des Diagramms die fehlenden Werte.

***t* in min**	3	5	8		
ϑ in °C				50	80

b) Beschreibe den Kurvenverlauf.

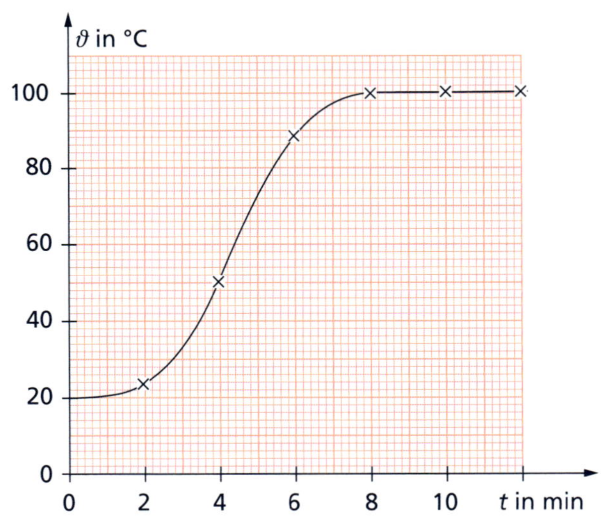

7 In einem Experiment wurde Eis erwärmt. Die Messwerte sind im Diagramm dargestellt. Die gesamte Zeit wurde gleichmäßig Wärme zugeführt. Beschreibe und erkläre den Kurvenverlauf.

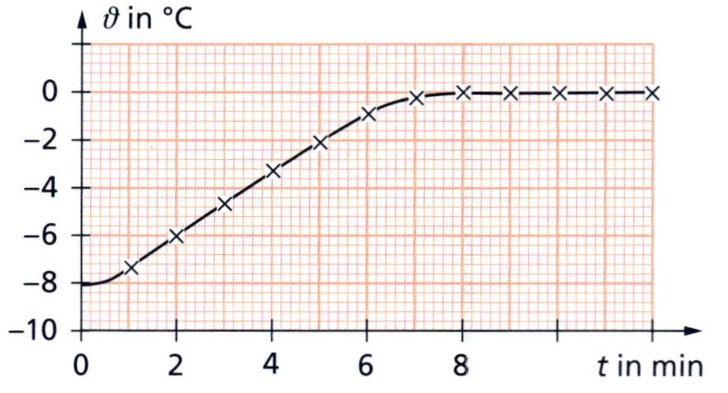

8 Im Wasserkreislauf der Natur spielt das Verdunsten eine wichtige Rolle.
a) Von welchen Faktoren ist das Verdunsten von Wasser abhängig?

b) Prüfe deine unter a) getroffenen Aussagen experimentell. Ergänze dazu die nachfolgende Übersicht.

Experimentieranordnung	Es wird verändert	Es wird konstant gehalten	Ergebnis
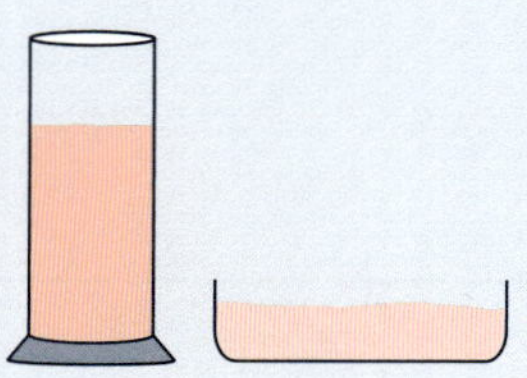	Größe der Oberfläche	Temperatur Abführung der verdunsteten Anteile	
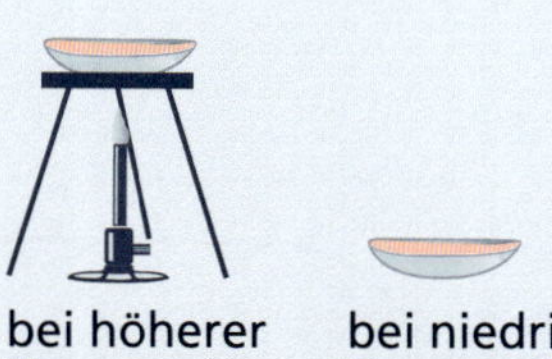 bei höherer Temperatur / bei niedriger Temperatur	Temperatur		
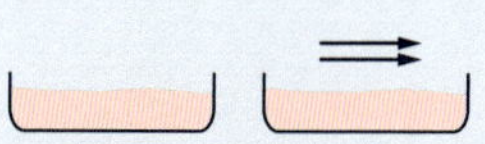 ohne Wind / mit Wind	Luftströmung (Wind)		

Teste dich selbst

Kreuze jeweils den Buchstaben der Antwort an, die richtig ist. Das kann bei einer Aufgabe auch mehr als ein Buchstabe sein. Ob du richtig geantwortet hast, kannst du unten prüfen, wenn du die Aussage mit den Lösungsbuchstaben vervollständigst.

1 Wenn Wasser mit einer Temperatur von 2 °C erwärmt wird, dann

- **X** dehnt es sich zunächst aus und zieht sich ab 4 °C wieder zusammen,
- **A** zieht es sich zunächst zusammen und dehnt sich ab 4 °C wieder aus,
- **B** verändert sich sein Volumen bis 12 °C nicht.

© G. Liesenberg, Berlin

2 Die Längenänderung eines Kupferdrahts ist umso kleiner,

- **I** je länger der Draht ist,
- **N** je kürzer der Draht ist,
- **O** je kleiner die Temperaturdifferenz ist.

3 Den Übergang flüssig – gasförmig von Wasser bei 100 °C nennt man

M Sieden, **C** Verdunsten, **Y** Sublimieren.

4 Wenn man einen Stoff bis zur Kondensationstemperatur abkühlt, beginnt er

G fest zu werden, **A** flüssig zu werden, **F** gasförmig zu werden.

5 In einem Experiment wird Eis so lange erwärmt, bis das gesamte Eis geschmolzen ist. Welches der Diagramme stellt den Sachverhalt dar?

K

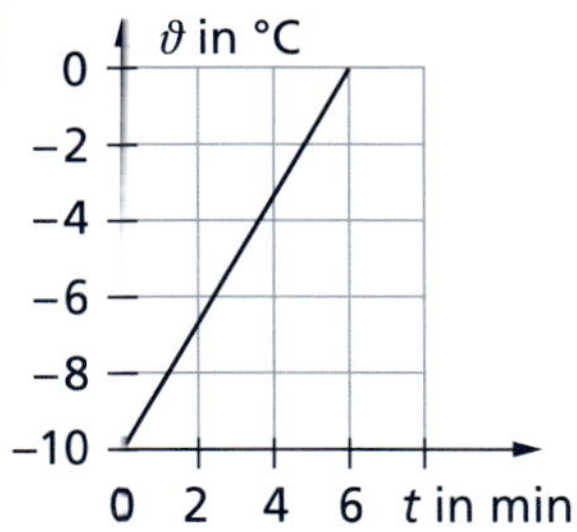

L

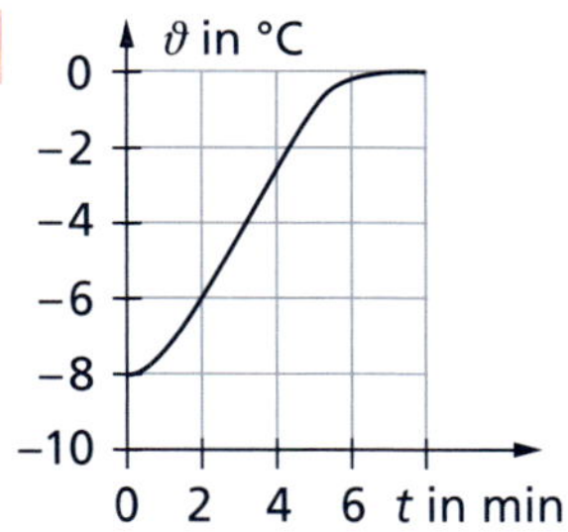

M

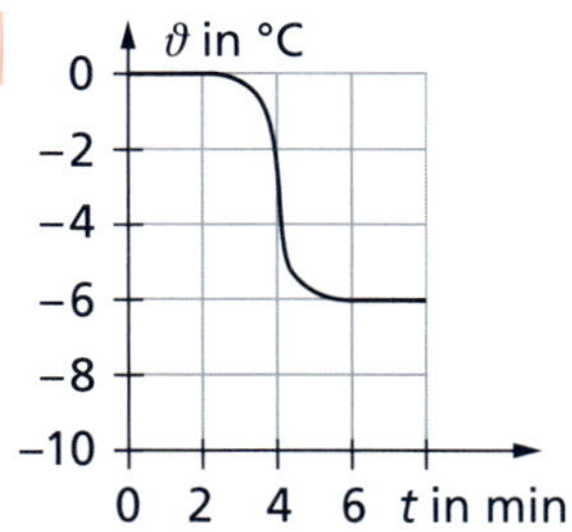

6 Für das Verdunsten von Wasser gilt

- **I** Wasser verdunstet umso langsamer, je langsamer der verdunstete Anteil abgeführt wird.
- **E** Wasser verdunstet umso schneller, je höher die Temperatur ist.

Lösung:

Das Verhalten von Wasser in dem Temperaturbereich um 4 °C nennt man in der Physik

__ __ __ __ __ __ __ __ des Wassers.

Elektrischer Strom und einfache Schaltungen

1 Die Bilder zeigen verschiedene elektrische Bauteile. Gib jeweils die Bezeichnung und das Schaltzeichen des Bauteils an.

© Osram GmbH

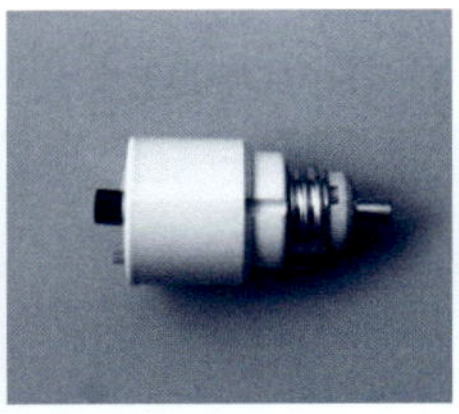
© L. Meyer, Potsdam

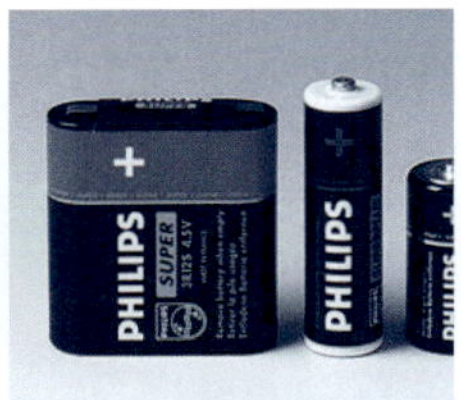

© Cornelsen Experimenta

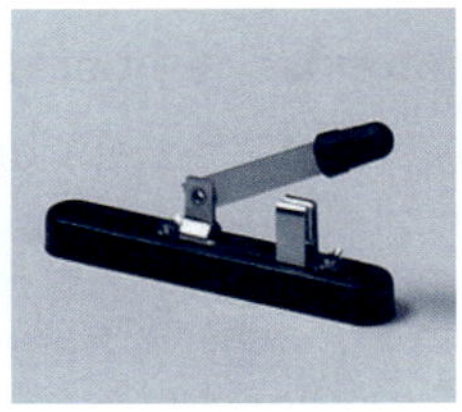
© Cornelsen Experimenta

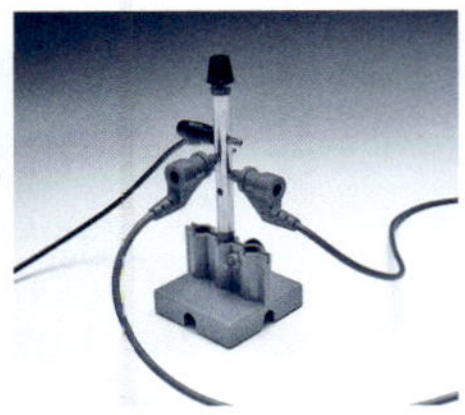
© Liesenberg, G.

Energiesparlampe				
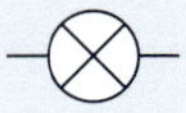				

2 Baue einen einfachen Stromkreis auf.

Vorbereitung:
Zeichne in den Kasten einen Schaltplan für einen Stromkreis mit einer Spannungsquelle, einer Glühlampe und einem Schalter.

Durchführung:
a) Ordne zunächst alle Bauteile auf dem Tisch so an, wie es im Schaltplan gezeichnet ist. Verbinde danach die Bauteile mit elektrischen Leitungen. Probiere aus, ob die Glühlampe beim Schließen des Schalters leuchtet.
b) Baue den Schalter an einer anderen Stelle des Stromkreises ein. Probiere erneut.

3 Die Fotos zeigen Experimentieranordnungen. Zeichne neben jede Experimentieranordnung den zugehörigen Schaltplan. Benenne die dargestellten Bauteile.

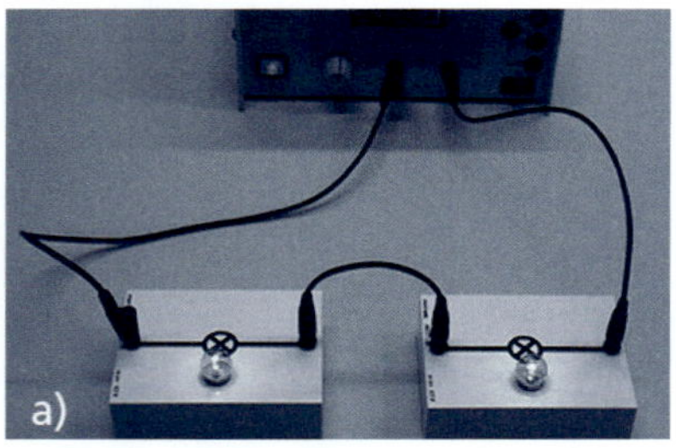

© P. Vogt, Landau

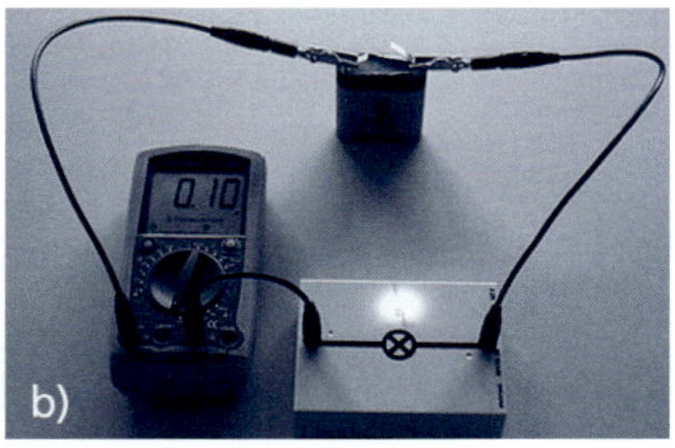

© P. Vogt, Landau

4 Untersuche, ob verschiedene feste Körper und Flüssigkeiten den elektrischen Strom leiten.

Vorbereitung:
a) Wie könnte man prüfen, ob ein Körper den elektrischen Strom leitet?

____

____

b) Ergänze den Schaltplan durch Einzeichnen der Verbindungsleiter.

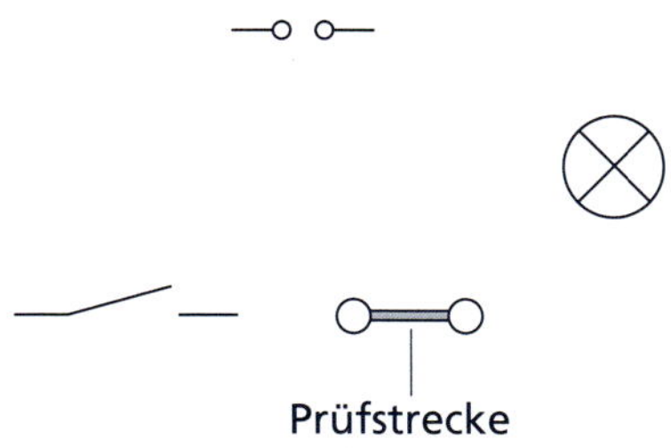

Durchführung:
Baue die Schaltung nach dem Schaltplan auf. Bringe verschiedene Körper (Nagel, Holzstab, metallische Kugelschreibermine, Bleistiftmine, Lineal aus Kunststoff, aufgebogene Büroklammer, ...) in den Stromkreis. Trage deine Untersuchungsergebnisse in die Tabelle ein.

Auswertung:

Körper	Stoff, aus dem der Körper besteht	Leiter oder Isolator

5 Ordne die folgenden Stoffe in die Tabelle ein: Leitungswasser, feuchtes Holz, Stahl, Porzellan, Gummi, trockenes Papier, Schweiß, Gold, trockenes Holz, Glas, Silber, Aluminium, Kunststoff.

Leiter	
Isolator	

6 Gib für folgende Schaltungen an, welche Glühlampen leuchten, wenn entweder einer der beiden Schalter oder beide Schalter geschlossen sind.

a) b) c)

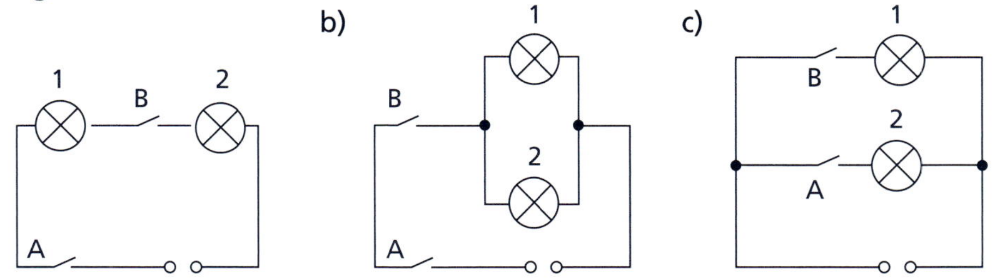

nur A geschlossen: ____________ ____________ ____________

nur B geschlossen: ____________ ____________ ____________

A und B geschlossen: ____________ ____________ ____________

7 Gib für die folgenden Schaltungen an, ob ein Kurzschluss vorliegt. Zeichne im Falle eines Kurzschlusses den Weg des Stroms farbig ein.

a)

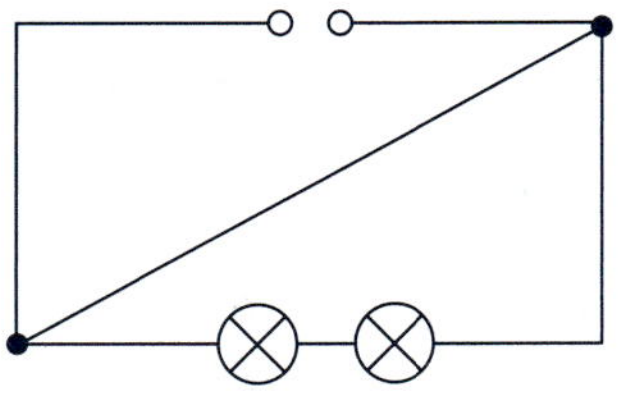

b)

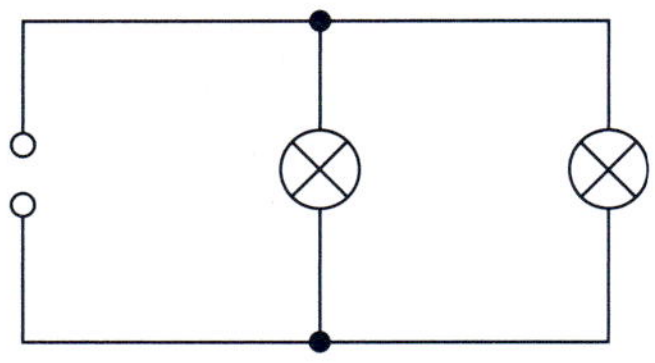

c)

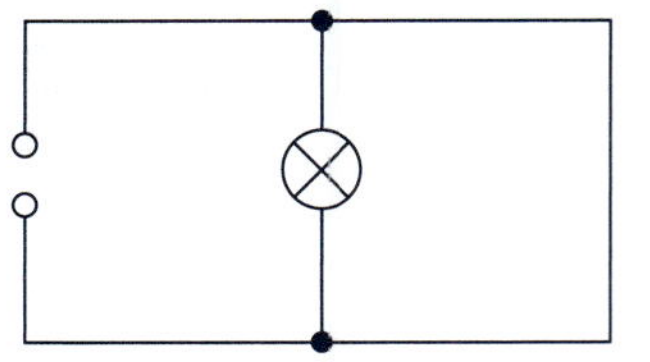

d) Warum ist ein Kurzschluss gefährlich und muss möglichst vermieden werden?

8 Warum darf man sich auf keinen Fall so verhalten, wie es in der Skizze dargestellt ist?

9 Bei einem Auto geht die Innenbeleuchtung an, wenn man die Tür öffnet. Beim Schließen der Tür verlöscht das Licht. Für den Aufbau einer solchen Schaltung braucht man nur eine Spannungsquelle, eine Glühlampe und einen Schalter.

a) Skizziere das Schaltbild für den Fall, dass die Beleuchtung ausgeschaltet ist (geschlossene Tür).

b) Wie kann man erreichen, dass sich die Beleuchtung beim Öffnen der Tür einschaltet?

10 Elektrischer Strom kann für den Menschen gefährlich sein. Kreuze an, welche der folgenden Aussagen richtig und welche falsch sind.

	richtig	falsch
Die im Haushalt genutzte Spannung von 230 V ist lebensgefährlich.		
Der menschliche Körper leitet den elektrischen Strom nicht.		
Die Pole einer Steckdose darf man auf keinen Fall mit den Fingern berühren.		
Elektrische Quellen sind nur gefährlich, wenn die Spannung zwischen ihren Polen mehr als 100 V beträgt.		